Sistemas de Control No Lineales

AF614363

Sistemas de Control No Lineales

Dr. Ing. Víctor Hugo Sauchelli

UNIVERSITAS
Editorial Científica Universitaria

UNIVERSITAS

Diseño de Tapa: Jorge G. Sarmiento (Universitas)
Autoedición: Jorge G. Sarmiento - Victor Sauchelli)
Producción Gráfica: Universitas. Editorial Científica Universitaria

Acerca del Autor

- Profesor de Sistemas de Control II de la UNC. Facultad de Ciencias Exactas, Físicas y Naturales.
- Profesor de Instrumentación y Control Automático de la UTN. Facultad Regional Córdoba.
- Profesor de Control en la Universidad Bias Pascal. Córdoba.
- Egresado de la Facultad de Ciencias Exactas, Físicas y Naturales de la Universidad Nacional de Córdoba, en el año 1971, como Ingeniero Electricista Electrónico.
- Cursa el Posgrado en Control Digital en la Universidad Federal de Río de Janeiro, presentando Tesis Doctoral en la Universidad nacional de Córdoba.
- Doctor en Ciencias de la Ingeniería (Orientación Control) de la Universidad nacional de Córdoba en el año 1997.
- Especialista en Educación Universitaria egresado en 1999 de la Universidad Tecnológica Nacional. Facultad Regional Córdoba.

Prohibida su reproducción total o parcial sin el penniso por escrito del autor o editor. Se pueden reproducir pánafos citando al autor y editorial.

ISBN 10: 978-987-9406-75-5
Hecho el depósito que previene la ley 11.723

© (2020) 3° Edición. Universitas. Editorial Científica Universitaria.

Indice

Prólogo

El contenido de este libro es sobre los sistemas no lineales, existen muchos temas especializados que no son cubiertos en este texto; sin embargo, he hecho un esfuerzo para proveer bases sólidas sobre las cuales el lector pueda construir un estudio personal de aquellos temas de su interés.

Los propósitos al escribir un libro son muchos y diversos, en mi caso, destaco:

- Un tratamiento accesible de temas en forma teórica, que tienen interés práctico y aplicabilidad, a fin que sea un apoyo a la asignatura de Sistemas de Control II de la Facultad de Ciencias Exactas Físicas y Naturales.

- Una motivación para estudiar control no lineal, caos, bifucaciones, geometría fractal etc.

El diseño de controladores no lineales, es un proceso complejo que requiere juicio e iteración. Un elemento clave en la solución del problema de diseño es la comprensión cabal y profunda de todos aquellos factores que pueden limitar el desempeño de los sistemas de control. Esto lleva a desarrollar un enfoque del diseño, donde esas restricciones se deben tener muy en cuenta, así como las condiciones iniciales, robustez, sensibilidad, intervalos de funcionamiento tanto en frecuencia como en el tiempo, o sea integrar al estudio una cantidad de elementos que el Control Lineal puede prescindir.

No es objetivo de este texto, explorar hasta sus últimos extremos los aspectos matemáticos, sino más bien, alcanzar un grado de detalle suficiente para que el lector pueda empezar a aplicar las ideas expuestas, a la mayor brevedad posible. Este propósito tiene implícita la suposición que el estudiante tiene acceso a facilidades computacionales modernas, incluyendo el paquete MATLAB-SIMULINK, esta suposición permite poner énfasis en la ideas fundamentales más que en las herramientas mismas.

La organización puede contemplarse en el siguiente diagrama conceptual:

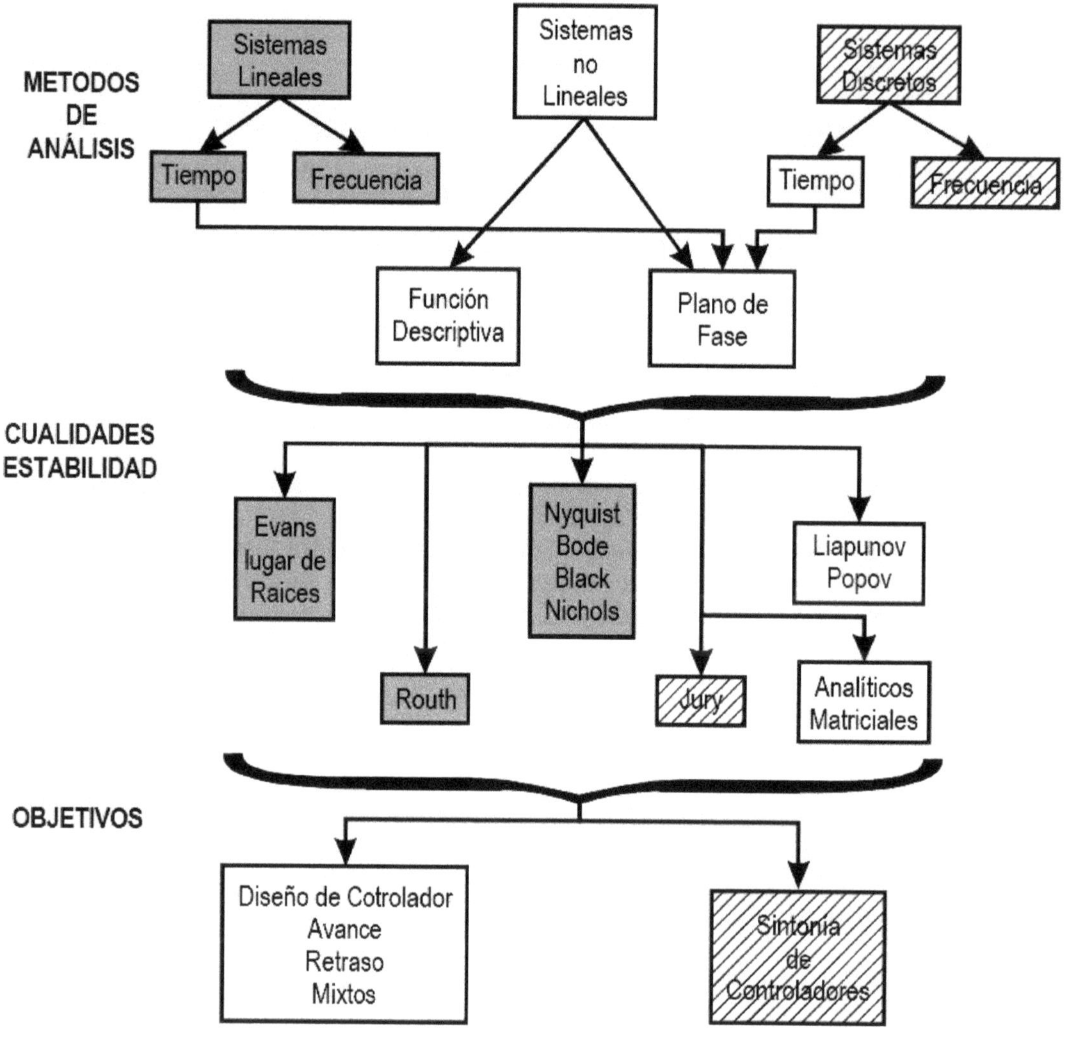

Lo sombreado ▭ corresponde a lo estudiado en Sistemas de Control I, antecedente riguroso de estos temas y lo entramado ▨ a lo que corresponde a Control Digital y en Control de Procesos.

Lo que no posee fondo es lo tratado por este texto.

1

Función Descriptiva

Una de las técnicas usadas para el estudio de la dinámica de sistemas, es su exploración mediante excitaciones periódicas.

Para los SLIT es particularmente simple y hasta natural una descripción en el dominio de la frecuencia por medio de Fourier, en los casos no lineales, estas técnicas no pierden importancia describiendo al sistema mediante una función de transferencia aproximada de la no linealidad, tomando la componente fundamental de frecuencia. Posee como seria desventaja la necesidad de conocer la no linealidad.

La vía de trabajo para el estudio de sistemas no lineales es a través del comportamiento periódico de las señales de entrada y salida es mediante las series de Fourier.

1.1. Sistemas no lineales

Son hechos conocidos la saturación, el juego o huelgo o tiempos muertos los transportes, así como alinealidades intencionales como relevadores, contactores, válvulas solenoides del tipo si-no etc. que favorecen por cuestiones de funcionamiento y costos notablemente al control de procesos.

Los sistemas no lineales difieren de los lineales, no se aplica el principio de homogeneidad ni de superposición de entradas, los no lineales presentan un comportamiento que depende de cada sistema en particular, y no es posible muchas veces encontrar leyes generales para éstos.

Las propiedades mas notables las podemos observar estudiando algunos casos de no lineales muy comunes:

Resortes: Los resortes pueden ser no lineales, según la ley de Duffing muy estudiada en el campo de la mecánica, se los suele caracterizar como resortes duros y resortes blandos.

La ley del elemento resorte no lineal es : $f_R=Kx+K'x^3$, o sea aparece una dependencia del cubo de la posición entre extremo del resorte, que genera una situación particular, si $K' >0$ se denomina duro; si $K'<0$ blando y si $K'=0$ estamos frente al resorte lineal.

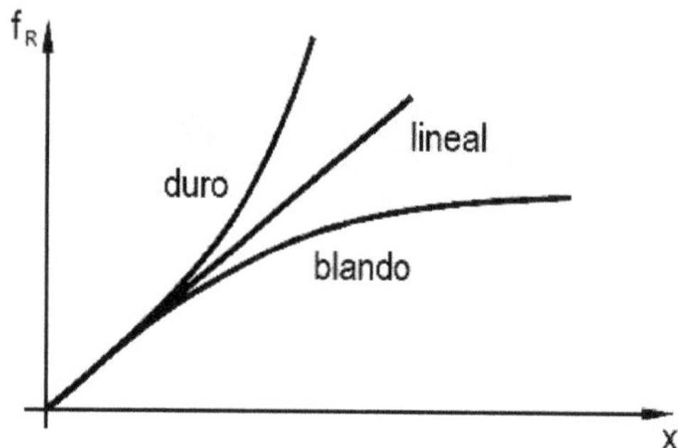

Cuando un resorte NL es excitado con una señal senoidal se producen fenómenos como respuesta de valores múltiples, resonancias de salto, sub o super armónicas, componentes de frecuencia que no están presentes en la entrada.

Esto establece además una fuerte dependencia entre la frecuencia y la amplitud de la excitación, así como fenómenos de " arrastre" de frecuencia y de extinción de frecuencias.

Las alinealidades inherentes de los sistemas son inevitables y encontramos entre ellas a:

Saturación

Zona muerta

Histérisis

Juegos

Fricción estática, fricción de Coulomb y otras no lineales.

Resorte no lineal

Compresibilidad de fluidos

Veamos el caso de las

Fricciones

El modelo de fricción lineal utilizado en Control I es una aproximación en cuanto el comportamiento de la fricción es de la forma de fricción estatica, es decir una fuerza complementaria que es necesaria para iniciar el movimiento de las partes friccionantes, una ves vencida la estatica aparece una fricción tipo Coulomb lineal, para si se aumenta la velocidad de fricción, se producen fenómenos no lineales. Estos efectos, especialmente la fricción estática es la que en robótica produce un movimiento de brazos abrupto, torpe que se trata de minimizar.

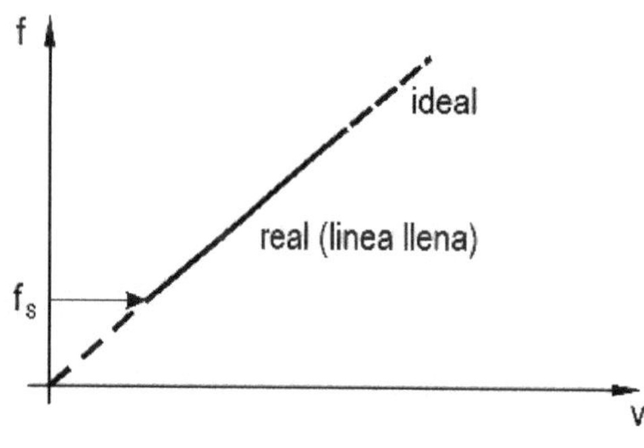

El rozamiento estático se observa cuando la velocidad es cero, el nivel de fuerza de ruptura es *fs*. La simulación cambia de modo siguiendo un patrón mas o menos lineal, este comportamiento se puede observar complejo si se lo excita con señal senoidad y también como el caso del resorte es sensible a la frecuencia de la excitación teniendo comportamientos con ciclos tipo histérisis:

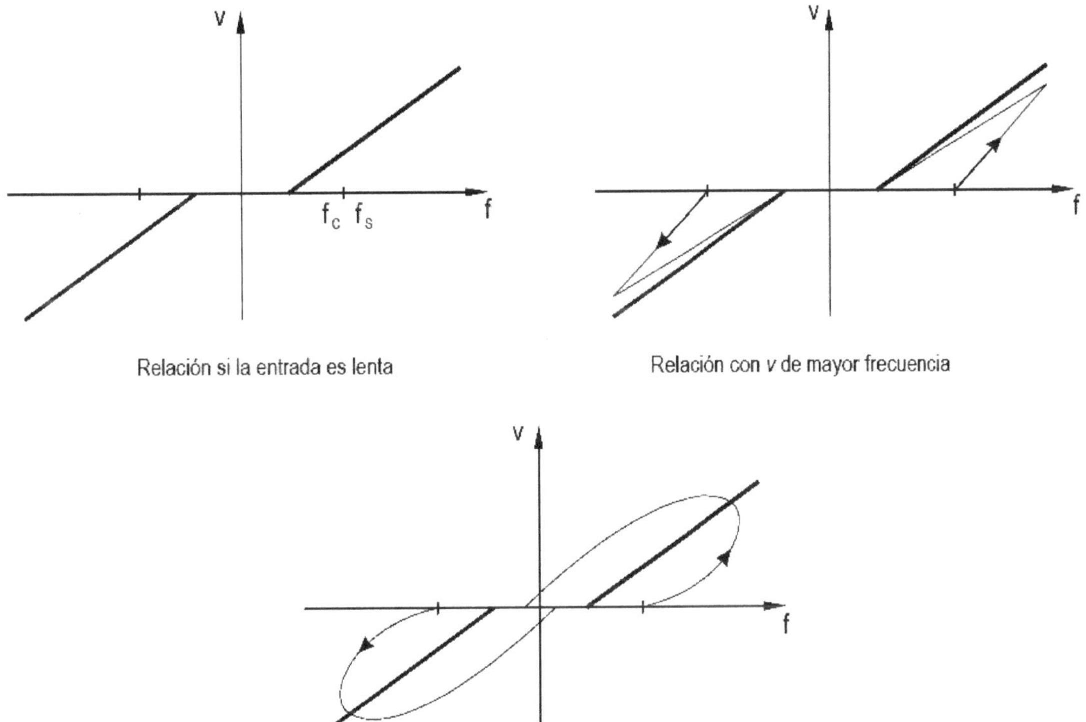

Relación si la entrada es lenta

Relación con *v* de mayor frecuencia

Relación si la *v* es variada a mayor frecuencia aún

El modelo no lineal se debe describir desde un punto de vista matemático de la no linealidad, si A,B son las matrices de estado que modelan el SLIT, el modelo NLIT debe describirse en general por medio de ecuaciones que no pueden linealizarse o sea no existen matrices para este modelo.

Existen muchas aproximaciones que permiten simular situaciones dentro de modelo lineal por tramos y usar así matrices.

La nolinealidad se caracteriza por cambiar de modelo que ocurre a niveles de señales específicos. También pueden ser cambios abruptos como el caso de relé, o la fricción estática.

Se utiliza en general un modelo para cada situación de linealidad a tramos, que modele con la mejor aproximación a la NL.

1.2. Simulacion mediante Matlab

El paquete de Matlab con el Control System Toolbox incorpora numerosas funciones con el propósito de estudiar las NL.

Con la simulación NL se pueden emplear subrrutinas que se denominan ode23 (algoritmo de Runge - Kutta de 2do y 3er orden) o la función ode45 que es un Runge-Kutta-Fehlberg).

Un modelo no lineal no se puede introducir como un modelo matemático compacto, y se emplean técnicas diferentes a los casos lineales.

El problema se resuelve creando un archivo M para introducir el modelo del sistema. Se crea una función a medida colocando la palabra function (con argumento de entrada y salida y un nombre del archivo), veamos un

Ejemplo:

Sea el SNLIT:

$$\dot{x}_1 = x_2$$
$$\dot{x}_2 = tg^{-1}(u^2 - x_1^2) - 2x_2$$

La función requerida la denominamos arbitrariamente "nlsis" y se crea un archivo M.

El modelo se introduce como un conjunto de expresiones que recibe los valores de x y de t del programa y devuelve el de x'.

El vector columna derivado se conoce como *xdot* por la función ode23. El modelo puede escribirse como:

```
% se crea una funcion nlsis.m con t y x como entradas y xdot como salida
function xdot=nlsis(t,x)
xdot(1)=x(2);
xdot(2)=atan(4-x(1)^2)-2*x(2);
```

el programa principal se introduce como:

```
t0=0;tf=10;
x0=[-1,0];
[t,x]=ode23('nlsis',to,tf,x0)
plot (t,x)
```

como alternativa plot(x(1),x(2)) para obtener el plano de fases.

1.3. Funcion descriptiva

1.3.1 Breve revisión de la serie de Fourier

Si una señal cumple con las condiciones de Dirichlet y además $y_{(t)} = y_{(t+T)}$, es periodica con periodo $T \in R$.

Entonces, podemos expresarla mediante la serie trigonométrica:

$$y_{(t)} = C_0 + \sum_{k=1}^{\infty} A_k \cos(\omega_0 kt) + B_k \operatorname{sen}(\omega_0 kt)$$
$$C_0, A_k \; y \, B_k \in \mathbb{R} \; ; \; k \in \mathbb{N}$$

donde $\omega_0 = \frac{2\pi}{T}$ es la frecuencia en rad/seg fundamental.

Para esta representación los coeficientes se calculan como:

$$A_k = \frac{1}{\pi}\int_0^{2\pi} y_{(t)} \cos(\omega_0 kt) d(\omega_0 t)$$

$$B_k = \frac{1}{\pi}\int_0^{2\pi} y_{(t)} \operatorname{sen}(\omega_0 kt) d(\omega_0 t)$$

$$C_0 = \frac{1}{2\pi}\int_0^{2\pi} y_{(t)} d(\omega_0 t) = \frac{1}{2} A_0$$

que como se tratara de no linealidades simétricas, C_0 es nulo.

Asumiendo que $y_{(t)}$ se pueda considerar continua ó continua a tramos se demuestra que la serie de Fourier es convergente, siempre que $y_{(t)}$ cumpla con las condiciones de Dirichlet.

Además, sobre cualquier punto de discontinuidad salto finito, la serie converge al valor medio de los dos valores obtenidos de tomar límite de $y_{(t)}$ para t que se aproxima por la derecha e izquierda de este punto.

La prueba de estas propiedades involucra que los coeficientes A_k y B_k tiendan a cero cuando $k \to \infty$ (condición de Riemann-Lebesgue).

Esto justifica la aproximación de $y_{(t)}$ por series truncadas sobre un número finito de términos. La mejor aproximación de $y_{(t)}$ de n términos es

$$y_n(t) = C_0 + \sum_{k=1}^{n} A_k \cos(\omega_0 kt) + B_k \operatorname{sen}(\omega_0 kt)$$

y el error cuadrático integral en relación a $y(t)$ es:

$$\int_0^{2\pi} [y(t) - y_n(t)]^2 d(\omega_o t)$$

Para aproximar la respuesta de sistemas **no lineales** es importante hacer ciertas consideraciones de la serie de Fourier, como ser:

Primero: en la descomposición de una señal periódica en un conjunto de términos que involucran funciones circulares, cada uno muestra el comportamiento en una determinada frecuencia múltiplo de ω_0.

Segundo: esta idea se presta a la construcción de un esquema de aproximación por truncado de la serie, muy abrupto ya que se toma sólo A_1 y B_1 o sea la componentes de la frecuencia fundamental en $y(t)$.

Estos dos puntos sugieren una aproximación por medio de un "balance de armónicas" o de "función descriptiva" donde algunas componentes de el sistema no lineal es aproximada por coeficientes de las funciones bases circulares senoides justamente como si fuese lineal, se toma solo la fundamental. Es por ello este método también se denomina de cuasi-linealización.

Podemos notar también que estas aproximaciones se limitan a los casos estrictamente periódicos.

La idea básica es representar un sistema no lineal elemental (con no linealidad conocida), por una adecuada función de transferencia (definida para los SLIT solamente).

Debido a los efectos de una entrada senoidal y considerando una no linealidad con entrada $x(t)$ y salida $y(t)$; establecemos como entrada simplemente:

$$x_{(t)}=X\,sen\,(\omega t)$$

donde X y ω son constantes positivas, la amplitud y frecuencia respectivamente.

Asumiendo que la no linealidad es una función instantánea, sin dinámica interna o memorias, la salida también será una señal periódica (de período $2\pi/\omega$) y puede expandirse mediante una serie de Fourier.

Es oportuno recordar las propiedades de los coeficientes de la serie de Fourier ya que se puede ahorrar mucho trabajo de cálculo.

1.3.2. Propiedades de la serie de Fourier

1. Si y es función impar de la entrada x (simetría impar), entonces cambiando t por $t+\pi/\omega$ y cambiando x por $-x$ cambia y por $-y$ e implica: $A_k=B_k=0$ para todo k par.
2. Si y es una función par de x (simetría par) entonces revirtiendo el signo de x por $-x$ no altera y o sea $A_k=B_k=0$ para todo k impar.
3. Si y es una función simple valuada de x (o sea nolinealidad con memoria nula) entonces cambiando t por $\pi/\omega - t$, sin cambiar en x ni en y resulta:

$A_k=0$ para k impar $\qquad$ $B_k=0$ para k par.

Para una aplicación del método de la función descriptiva es necesario que la entrada y la salida sean de tratamiento consistente esto es, que puedan ser tomadas como senoidal pura para la entrada y en serie de Fourier para la salida puede truncada en $k=1$.

Si las no linealidades son simétricas impar, se cumple que

$$C_0=\frac{1}{2}A_0=0$$

Nota: no es necesario asumir que la no linealidad sea simple-valuada, dando posibilidades a una salida multivaluada que dependerá de la no linealidad y se analiza por tramos.

La aproximación, por función descriptiva es un tanto burda y viene dada por:

$$y(t)\cong A_1\cos(\omega_0 t)+B_1\,\mathrm{sen}(\omega_0 t)=Y\,\mathrm{sen}(\omega_0 t+\phi)=Y(\mathrm{sen}\,\omega_o t\cos\phi+\cos\omega_o t\,\mathrm{sen}\,\phi)$$

donde Y y ϕ son

$$A_1 = \frac{1}{\pi}\int_0^{2\pi} y(t).\text{sen}(\omega_0 t).d(\omega_0 t)$$

$$B_1 = \frac{1}{\pi}\int_0^{2\pi} y(t).\cos(\omega_0 t).d(\omega_0 t)$$

$A_1 = Y\,sen\,(\omega_0 t)$; $\qquad$ $B_1 = Y\cos\,(\omega_0 t)$

$Y = \sqrt{A_1^2 + B_1^2}$ $\qquad$ $\phi = arc\,tg\,A_1/B_1$

El efecto de la no linealidad bajo la entrada senoidal es tal que la amplitud de la entrada X se multiplica por el factor de ganancia

$$\rho = \frac{Y}{X} = \frac{\sqrt{A_1^2 + B_1^2}}{X}$$

y la fase es alterada un valor ϕ.

En resumen se tiene una función de transferencia N, o función descriptiva, establecida como

$$|N| = \frac{Y}{X} \qquad ; \qquad \angle N = \phi$$

Si la no linealidad es simple valuada, entonces $A_1=0$ y $\phi=0$, con función descriptiva real, en este caso:

$$N = \frac{1}{\pi X}\int_0^{2\pi} y(\varphi)\,\cos\varphi\;\; d\varphi \qquad ; \quad \varphi = wt$$

En caso que sea multivaluada la N es compleja y con ϕ usualmente negativo, significa retardo de fase.

Los desarrollos que realizaremos se refieren a los denominados de entrada simple con función descriptiva, significa que la entrada consiste en una señal de un solo término de la forma $x = X\,sen\,\omega t$

También se excluyen las consideraciones basadas en señales parciales (por tramos) y de no linealidades no simétricas, ambos casos se pueden estudiar con función descriptiva, dados por la entrada:

$$x(t)=X_0+X\,sen\,\omega t$$

que conduce a la denominada función descriptiva de entrada dual y en este caso la aproximación de la salida está dada por la señal:

$$y(t) \cong C_0 + A_1\cos(\omega t) + B_1\,\text{sen}(\omega t) = \;\; Y_0 + Y_1\,\text{sen}(\omega t + \phi)$$

donde

$Y_0=C_0$; $\quad Y_1\,\text{sen}\,\phi = A_1$; $\qquad$ $Y_1\cos\phi = B_1$

podemos definir la función descriptiva por medio de dos componentes:

$$N_0 = \frac{Y_0}{X_0} \qquad \text{y} \qquad N_1 = \frac{Y_1 e^{i\phi}}{X_1}$$

dados por, si $y(.) = f(.)$

$$N_0 = \frac{1}{\pi X_0}\int_0^{2\pi} f(X_0 + X_1 \operatorname{sen}\varphi)d\varphi$$

$$N_1 = \frac{1}{\pi X_1}\int_0^{2\pi} f(X_0 + X_1 \operatorname{sen}\varphi)(\operatorname{sen}\varphi + j\cos\varphi)d\varphi$$

$$N_1 = A_1 + jB_1$$

Ambas son funciones de X_0 y X_1. Claramente N_0 es real, pero N_1 puede ser compleja.

EJEMPLO 1

Alinealidad conexión-desconexión simétrica.

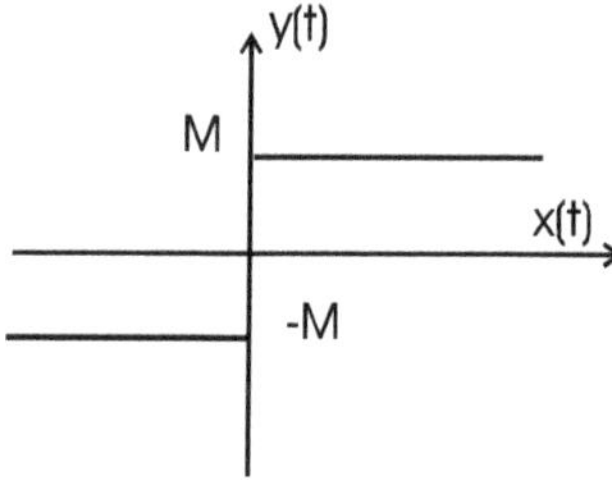

Figura 1

Siendo impar resulta $C_0=0$, $A_1=0$ o sea:

$$y(t) = \sum_{k=1}^{\infty} B_k \operatorname{sen}(\omega_k t)$$ por comodidad si llamamos ω_o como simplemente ω:

$$B_1 = \frac{1}{\pi}\int_0^{2\pi} y(t)\operatorname{sen}(\omega t)d(\omega t) = \frac{2}{\pi}\int_0^{\pi} y(t)\operatorname{sen}(\omega t)d(\omega t)$$

Haciendo los gráficos

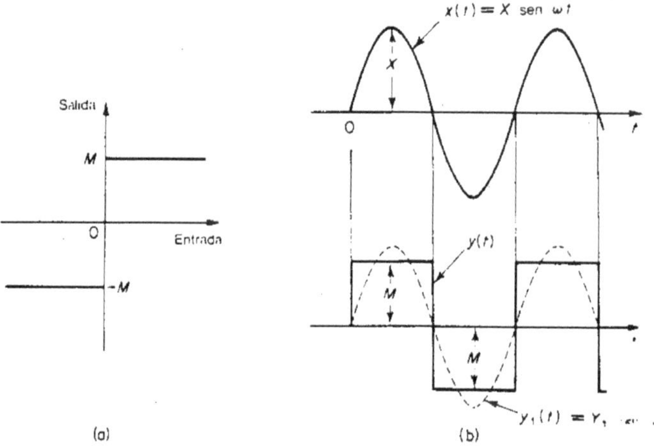

Figura 2

$$B_1 = \frac{2M}{\pi}\int_0^{\pi} \text{sen}(\omega t)d(\omega t) = -\frac{2M}{\pi}\cos(\omega t)\Big|_0^{\pi} = \frac{4M}{\pi}$$

Luego

$$y(t) \cong \frac{4M}{\pi}\text{sen}(\omega t)$$

$$|N| = \frac{Y_1}{X} = \frac{4M}{\pi X}$$

$$\angle N = 0$$

EJEMPLO 2

Alinealidad con histérisis

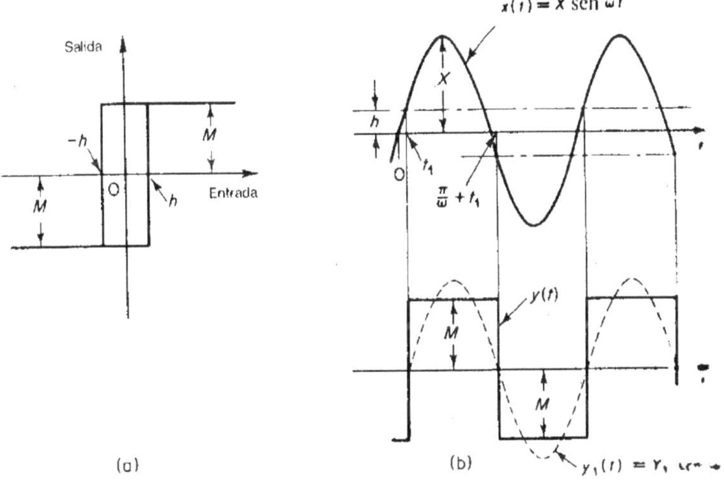

Figura 3

La salida es una onda cuadrada, atrasada respecto a entrada en

$$\alpha = \omega t_1 = \text{sen}^{-1}\left(\frac{h}{X}\right)$$

La función descriptiva de este elemento no lineal es

$$|N| = \frac{4M}{\pi X}$$

$$\langle N = -\text{sen}^{-1}\left(\frac{h}{X}\right)$$

TABLA 11-2. Características y funciones descriptivas de elementos no lineales

Tipo de no linealidad	Característica de transferencia de entrada–salida	Forma de onda de salida correspondiente a entrada sinusoidal	Función descriptiva N
(a) Saturación	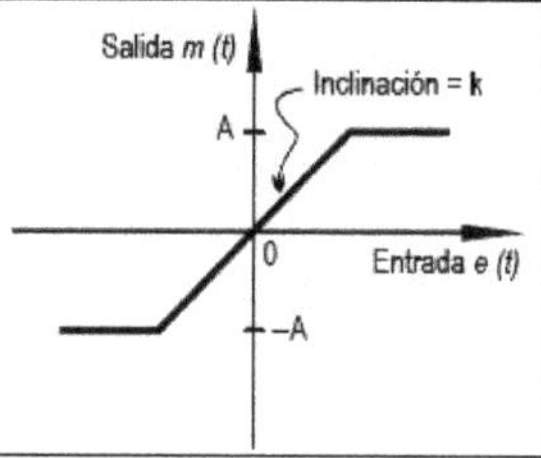 Salida $m(t)$; Inclinación = k; A; 0; −A; Entrada $e(t)$	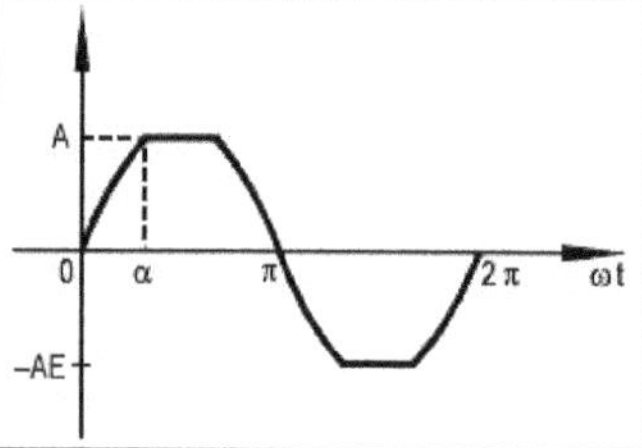 A; 0; α; π; 2π; ωt; −AE	$N = k \quad E < A$ $N = \frac{M_1}{E} = \frac{2k}{\pi}\left(\alpha + \frac{\operatorname{sen} 2\alpha}{2}\right) \quad E > A$ Donde $\alpha = \operatorname{sen}^{-1}\frac{A}{E}$
(b) Saturación con zona muerta	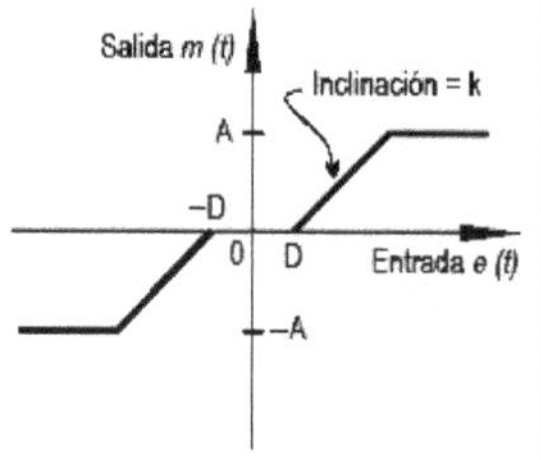 Salida $m(t)$; Inclinación = k; A; −D; 0; D; −A; Entrada $e(t)$	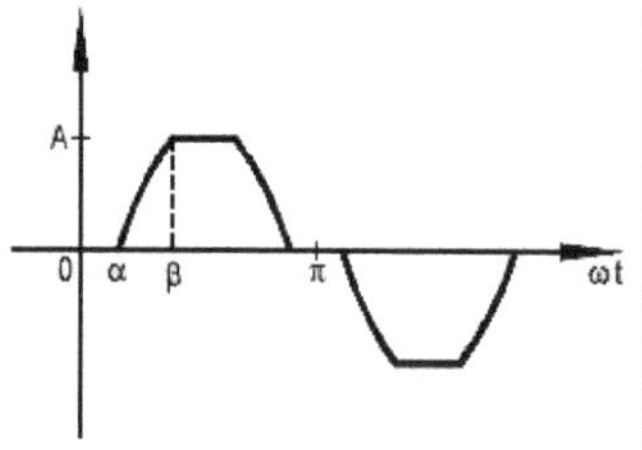 A; 0; α; β; π; ωt	$N = 0 \quad E < D$ $N = \frac{M_1}{E} = \frac{2k}{\pi}\left(\beta - \alpha - \frac{\operatorname{sen}2\alpha - \operatorname{sen}2\beta}{2}\right) \quad E > \frac{A}{k}$ $N = \frac{2k}{\pi}\left(\frac{\pi}{2} - \alpha - \frac{\operatorname{sen} 2\alpha}{2}\right) \quad A > E > D$ Donde $\alpha = \operatorname{sen}^{-1}\frac{D}{E} \quad \beta = \operatorname{sen}^{-1}\frac{A}{E}$
© Zona muerta sin saturación	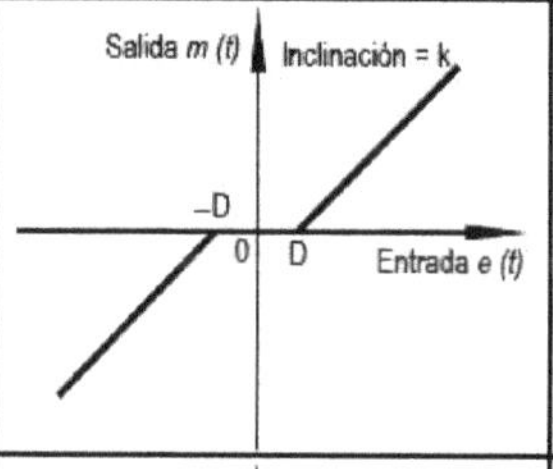 Salida $m(t)$; Inclinación = k; −D; 0; D; Entrada $e(t)$	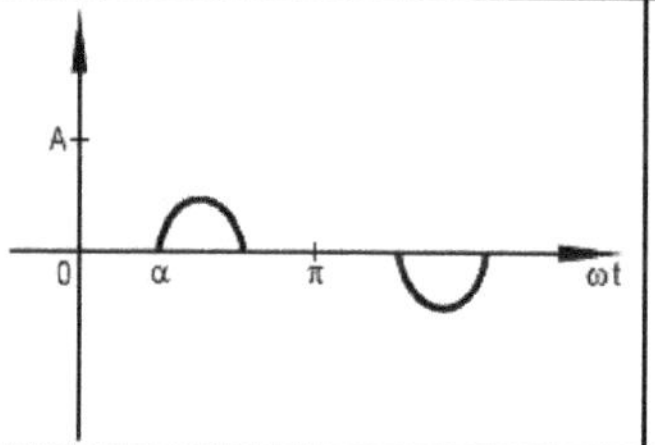 A; 0; α; π; ωt	$N = 0 \quad E < D$ $N = \frac{2k}{\pi}\left(\frac{\pi}{2} - \alpha - \frac{\operatorname{sen} 2\alpha}{2}\right) \quad E > D$
(d) Relevador ideal	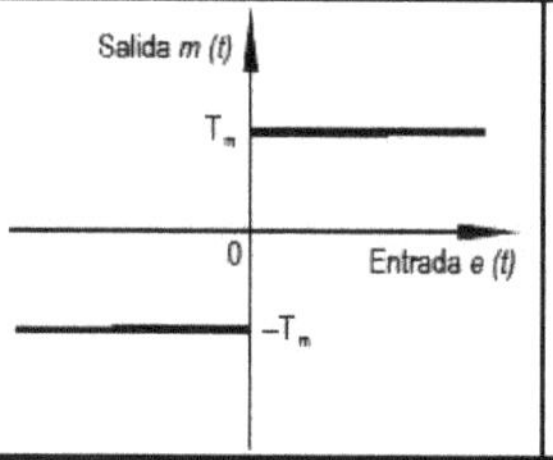 Salida $m(t)$; T_m; 0; $-T_m$; Entrada $e(t)$	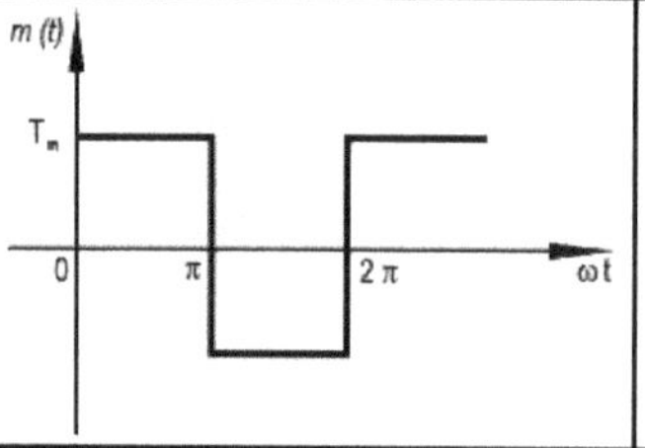 $m(t)$; T_m; 0; π; 2π; ωt	$N = \frac{4T_m}{\pi E}$
(e) Relevador con zona muerta	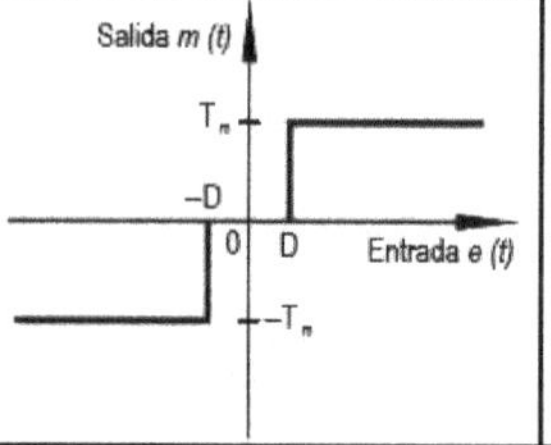 Salida $m(t)$; T_m; −D; 0; D; $-T_m$; Entrada $e(t)$	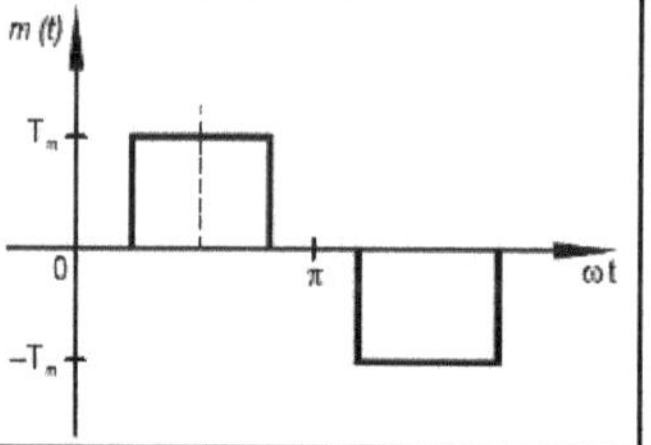 $m(t)$; T_m; 0; π; ωt; $-T_m$	$N = 0 \quad E < D$ $N = \frac{4T_m}{\pi E}\sqrt{1 - \left(\frac{D}{E}\right)^2}$
(f) Relevador con zona muerta e histéresis	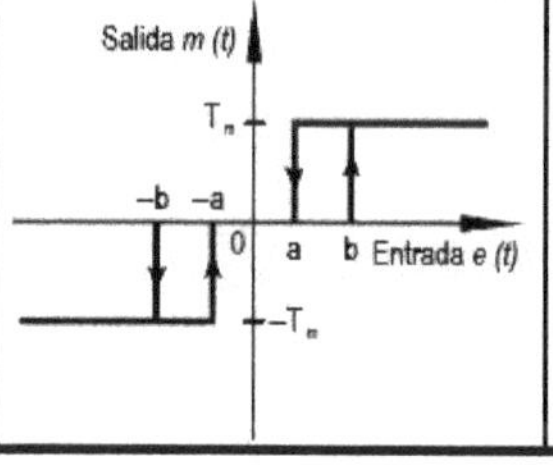 Salida $m(t)$; T_m; −b; −a; 0; a; b; $-T_m$; Entrada $e(t)$	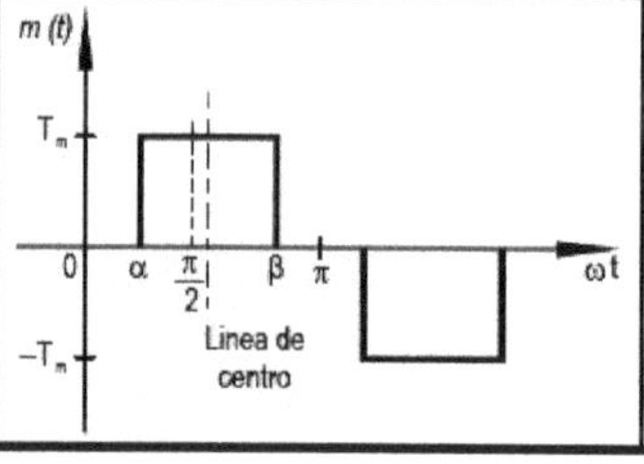 $m(t)$; T_m; 0; α; $\frac{\pi}{2}$; β; π; ωt; $-T_m$; Línea de centro	$\overline{N} = \frac{4T_m}{\pi E}\operatorname{sen}\left(\frac{\beta - \alpha}{2}\right)\exp\left[j\left(\frac{\pi}{2} + \frac{\alpha + \beta}{2}\right)\right]$ $\alpha = \operatorname{sen}^{-1}\frac{b}{E} \quad \pi = -\operatorname{sen}^{-1}\frac{a}{E}$

TABLA 11-2. Características y funciones descriptivas de elementos no lineales (Continúa)

Tipo de no linealidad	Característica de transferencia de entrada–salida	Forma de onda de salida correspondiente a entrada sinusoidal	Función descriptiva N
(g) Zona muerta con característica de transferencia lineal	Salida m (t); Inclinación k; –D; 0; D; Entrada e (t)	m (t); kE; D; 0; α; $\frac{\pi}{2}$; π; ωt; –D; –kE	$N = 0 \quad E < D$ $N = \frac{2k}{\pi}\left(\frac{\pi}{2} - \alpha + \frac{\operatorname{sen} 2\alpha}{2}\right)$ $\alpha = \operatorname{sen}^{-1}\frac{D}{E}$
(h) Fricción de Coulomb más fricción viscosa	Torsión de fricción (Salida); Entrada = f; A; 0; Entrada de velocidad; –A	m (t); A + f E; A; 0; α; π; 2π; ωt; – A – f E	$N = \frac{4A}{\pi E} + f$
(i) Elemento de carrera muerta con fricción viscosa	Salida m (t); Inclinación = 1; b; $-\frac{b}{2}$; 0; $\frac{b}{2}$; Entrada e (t)	m (t); e (t); e (t); E; $\frac{b}{2}$; 0; m (t); $\frac{b}{2}$; $\frac{\pi}{2}$; π; 2π; ωt	$\overline{N} = \frac{\overline{M}_1}{E} = \lvert N\rvert\, e^{j\phi}$ $\lvert N\rvert = \sqrt{A_1^2 + B_1^2} \quad \phi = \tan^{-1}\frac{A_1}{B_1}$ $A_1 = \frac{E}{\pi}\left[\left(\frac{\pi}{2} + \beta\right) + \frac{\operatorname{sen} 2\beta}{2}\right]$ $B_1 = \frac{2}{\pi}\left[\left(\frac{b}{E}\right)^2 - \left(\frac{b}{E}\right)\right]$ $\beta = \operatorname{sen}^{-1}\left(1 - \frac{b}{E}\right)$
(j) Elemento de carrera muerta con inercia	Salida m (t); $-\frac{b}{2}$; 0; $\frac{b}{2}$; Entrada e (t)	$\frac{b}{2}$; E; 0; m (t); $\frac{b}{2}$; $\frac{\pi}{2}$; π; 2π; ωt	$\overline{N} = \frac{\overline{M}_1}{E} = \lvert N\rvert\, e^{j\phi}$ $\lvert N\rvert = \sqrt{A_1^2 + B_1^2} \quad \phi = \tan^{-1}\frac{A_1}{B_1}$ $A_1 = \frac{2E}{\pi}\left(-\frac{3}{4} + \cos\alpha - \frac{\cos 2\alpha}{4} - \frac{\alpha}{2}\right)$ $\alpha = \operatorname{sen}\alpha + \frac{b}{E}$

1.4. Oscilaciones en sistemas realimentados

Al sistema con control no lineal se lo puede representar como una configuración básica según el siguiente esquema:

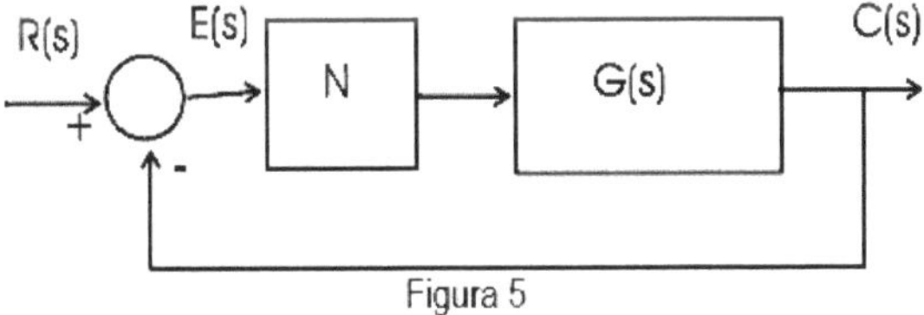

Figura 5

Donde aparece una simple no linealidad representada por N, cuya salida al error $e(t)$ es una cierta función $f(e)$. Luego aparece la parte lineal, representada por $G(s)$.

Si existen atenuaciones de componentes altas de frecuencia en $G(s)$ (que es el caso industrial típico) se puede tratar a N como una ganancia "variable" dependiente de la entrada $e(t)$ ya sea real o compleja.

Así el análisis en frecuencia de lazo cerrado determina la función de transferencia:

$$\frac{C(j\omega)}{R(j\omega)} = \frac{NG(j\omega)}{1+NG(j\omega)}$$

La ecuación característica es:

$$1+NG(j\omega) = 0$$

o también

$$G(j\omega) = -\frac{1}{N}$$

Si justo se cumple esta ecuación, la salida puede representar un **ciclo límite** (oscilaciones mantenidas).

Si existe un ciclo límite la frecuencia es tal que se satisface la ecuación

$$G(j\omega) = -\frac{1}{N}$$

Así la ubicación relativa de $-\frac{1}{N}$ y de $G(j\omega)$ dan información respecto a la estabilidad. La operatoria es práctica, si se conoce que $G(s)$ es de fase mínima, el criterio para asegurar la estabilidad es que el lugar de $-\frac{1}{N}$ no este rodeado (en Nyquist o el plano $F(j\omega)$ por $G(j\omega)$.

Si $-\frac{1}{N}$ está rodeado por $G(j\omega)$ el sistema es inestable y el sistema posee un escape al infinito o presenta oscilaciones mantenidas o ciclos límites.

Por ejemplo, analizando la siguiente figura donde el $G(j\omega)$ crece (decrece) con ω según la flecha en la curva y donde $-\frac{1}{N}$ crece según la amplitud X de la entrada

$$e(t)=X\,sen(\omega t)$$

resulta:

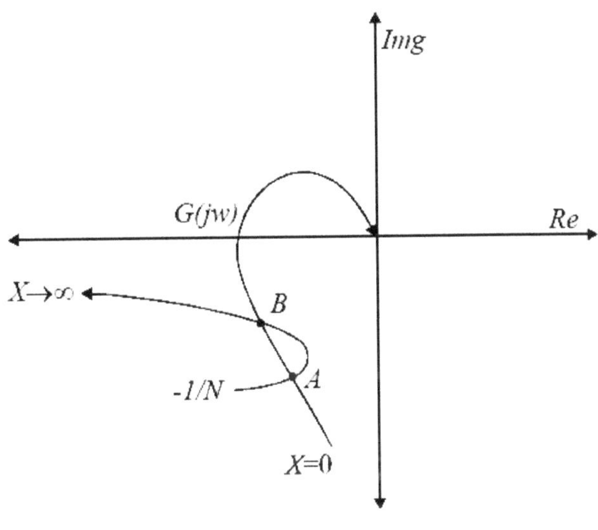

Figura 6

En el punto *A*, se presenta en un punto de contacto entre $-\frac{1}{N}$ y $G(j\omega)$, si aumenta *X* por efecto de la inestabilidad ya que a la derecha de *A* encierra la curva $G(j\omega)$ a la $-\frac{1}{N}$, se produce en estado de inestabilidad y aumento de *X* hace que el sistema se traslade al punto *B*.

En *B* si aumenta *X*, el sistema a la izquierda de *B* es "estable" luego tiende a disminuir *X* y a la derecha de *B* es inestable tendiendo a aumentar *X*, luego *B* posee una estabilidad particular que se denomina ciclo límite a la frecuencia ω_B

En cambio en *A*, es solo de paso siendo este punto inestable.

1.5. Validez de la aproximación por función descriptiva

El método depende crucialmente de la relevancia de los armónicos de la frecuencia ω_0 y es especialmente usado cuando *G(s)* sea un pasa bajo.

Por otro lado, con el método de la función descriptiva se puede pasar por alto la excitación de conjuntos límites más exóticos tal como atractores extraños, o ciclos límites cambiantes.

Esta aproximación surge del truncado de la serie de Fourier por ello; es válido si los coeficientes decaen exponencialmente con la frecuencia, entonces el coeficiente de la frecuencia fundamental es relevante.

Ogata plantea un problema de tangencia entre $-\frac{1}{N}$ y $G(j\omega)$ como índice de atenuación de estos coeficientes de Fourier, manifiesta que si se cortan perpendicularmente (o casi) la aproximación de este método es buena

Problemas

PROBLEMA 1

Para el sistema de la figura determine la amplitud y frecuencia del ciclo límite (C.L.)

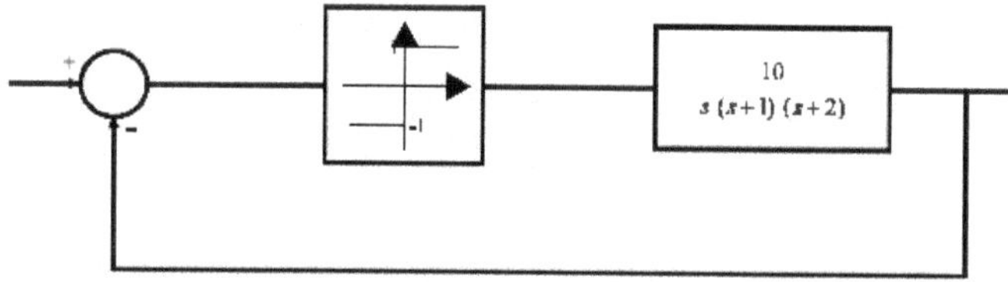

PROBLEMA 2

Determine la función descriptiva para el elemento no lineal y entonces estudie la estabilidad del sistema.

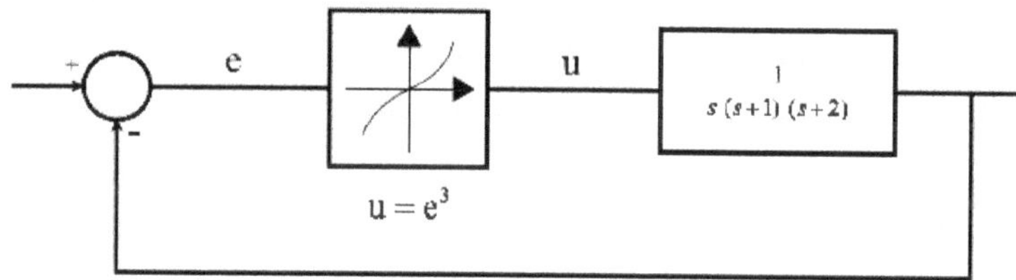

PROBLEMA 3

Determine la amplitud y frecuencia del C. L.

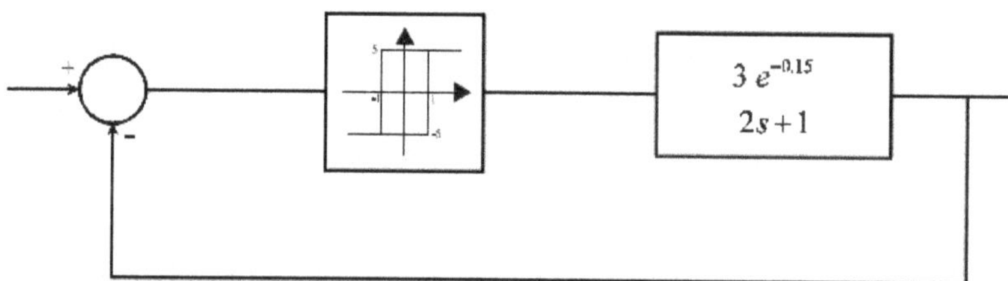

PROBLEMA 4

Deducir N para:

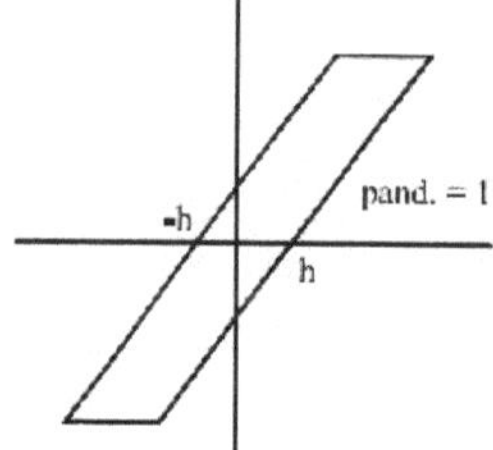

PROBLEMA 5

Sea la salida *"y"* de un elemento no lineal definida por:

$$y = b_1\, x + b_3\, x^3 + b_5\, x^5 + ...$$

Muestre que la función descriptiva para este elemento esta dado por

$$N = b_1 + \frac{3}{4}\, b_3\, x^2 + \frac{5}{8}\, b_5\, x^4 + \frac{35}{64}\, b_7\, x^6 + ...$$

PROBLEMA 6

Una heladera funciona con motor-compresor. El gabinete posee pérdidas exponenciales de temperatura. El sistema esta controlado en forma SI-NO con un relevador de la forma:

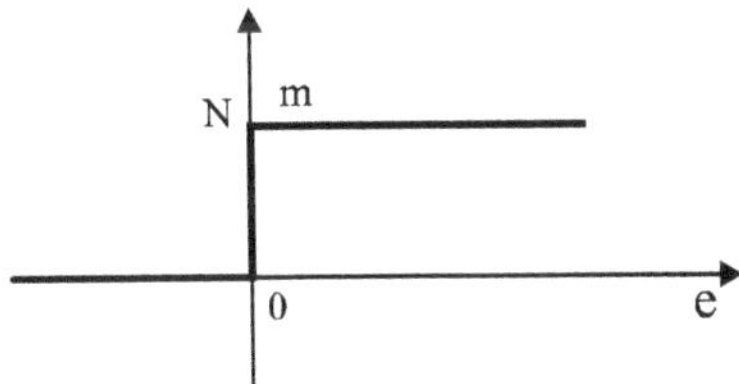

a) Obtenga la función de transferencia de cada parte del sistema.

b) Establezca la constantes de tiempo de perdidas estimadas de una heladera real.

c) Determine el C. L. su frecuencia y amplitud dependientes de la ganancia k del controlador.

PROBLEMA 7

Se considera que un servo es completamente lineal, a excepción de la carrera muerta en su sistema de engranajes entre el sincro-trasformador de control y la carga. Se considera también que la inercia del transformador de control es despreciable comparada con la de la carga, y solo hay que tener en cuenta la fricción viscosa del sistema. La función lineal de transferencia del amplificador, motor y carga es

$$G(s) = \frac{k}{s\,(1 + 0.1\,s)\,(1 + 0.5\,s)}$$

El espacio de carrera muerta es $b = 0.5$.

Estudiar la estabilidad del sistema no lineal cuando $k = 4$; $k = 5$ y $k = 8$.

Examinar la estabilidad en cualquier punto de equilibrio.

PROBLEMA 8

Al aplicar el método del lugar geométrico de las raíces al sistema siguiente

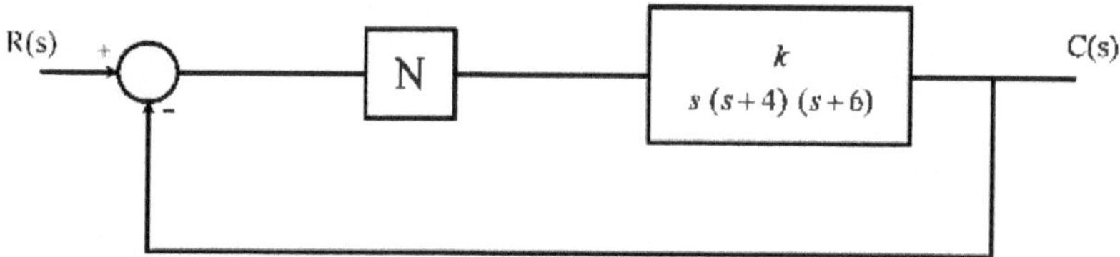

Resulta la condición de ángulo:

$$\sphericalangle s + \sphericalangle (s+4) + \sphericalangle (s+6) - \sphericalangle N = -180^{\circ} \pm k360^{\circ}$$

Cuando el ángulo de N es cero, como es el caso cuando el elemento no lineal no introduce un desplazamiento de fase, la gráfica es igual que para el sistema básico.

Por la condición de magnitud resulta

$$|s|\,|s+4|\,|s+6| = |k|\,|N|$$

Luego el valor de la ganancia a lo largo del lugar geométrico es kN. Para $k = 60$ determine el valor de N para el cual el sistema deviene inestable. Para el elemento alineal indicado abajo, determine el valor de

$$\frac{x_0}{D}$$

para el cual el sistema deviene inestable en el caso en que $k = 5$

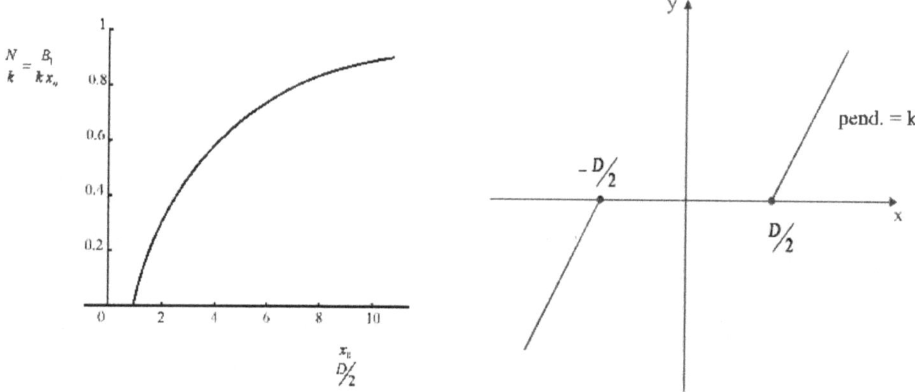

2

Sistemas No Lineales

Los sistemas lineales dinámicos son los descriptos matemáticamente por E.D.Os. o por ecuaciones de diferencias "lineales" (no necesariamente la recíproca). El término lineal se refiere a la posibilidad de aplicar la homogeneidad y la superposición a las señales entrada y de salida, por consiguiente obtener funciones de transferencias.

La condición de linealidad, permite un tratamiento matemático relativamente fácil y la mayoría de los problemas pueden resolverse en forma de una solución expresada por una *función,* que vincula entradas y salidas.

Infelizmente (quizá), la mayoría de los sistemas reales *no son lineales* además su comportamiento puede ser muy complejo y hasta puede no existir una función que relacione entradas y salidas.

Por otra parte, la introducción deliberada de alinealidades puede optimar aspectos de diseño del sistema de control, si se aprovechan adecuadamente las no linealidades "naturales" pueden mejorar el control.

Se suelen indicar un primer tipo de alinealidad (natural) como la accidental y al segundo tipo (generada) de intencional.

Las dificultades que se pueden encontrar en el estudio de las nolinealidades pueden ser:

a) No vale el principio de la superposición, luego no existe la salida como integral de convolución, por lo tanto no posee función de transferencia.

b) La estabilidad de un sistema lineal depende solo del sistema, en cambio en los no-lineales depende de las **condiciones iniciales**; de la **amplitud** y hasta el **tipo** de entrada. *Esto lleva a una reformulación del concepto de estabilidad.*

c) En los sistemas no lineales, suceden fenómenos no constatables en los lineales, como ser: oscilaciones con frecuencia y amplitud fija, además frecuencias por encima o debajo de la frecuencia de la excitación. Los sistemas no lineales están definidos por "negación": Son todos los no lineales; esto nos induce a pensar varias hipótesis como que hay relativamente pocos teoremas de carácter general; que la aplicación matemática es especializada según características de cada proceso; que estos sistemas son muy numerosos.

2.1. Abordaje de los sistemas no - lineales

Se plantean una serie de métodos que están en permanente evolución y discusión. A los fines didácticos se acostumbra a agrupar los métodos disponibles, de análisis y/o síntesis, según los siguientes ítems.

1. Linealización para pequeñas señales.

   Es bien conocido, por su larga aplicación en la Física. El interés de desarrollar en torno de un punto, el comportamiento del sistema no lineal en forma ***linealizado*** y generalmente mediante un desarrollo en serie de Taylor.

   La operatoria es, que dada la característica del comportamiento no lineal se aplica la fórmula de Taylor (o Volonté) en torno de un punto y se sustituye la función no lineal, por una función lineal en una aproximación en ese punto

$$y \cong y_0 + \left.\frac{df}{dt}\right]_{t=to} (t - to)$$

2. Plano de fase o trayectoria de estado del sistema es una poderosa herramienta, que posee el inconveniente de ser útil para sistemas bidimensionales, (de segundo orden) eventualmente de tercer orden en el espacio 3D.

3. Método directo de Liapunov. Es un estudio de las cualidades fundamentales del conjunto de trayectorias del sistema sin necesidad de realizar gráficos.

4. Método de Popov o de la estabilidad absoluta. Este es un poderoso método para el proyecto de sistemas de control con estabilidad garantizada.

5. Cuasi-linealización: desarrollo de las funciones descriptivas.

6. Métodos que estudian la estabilidad absoluta estructuralmente. Matriz signo - estable

Es necesario establecer nuestro "punto de vista" sobre sistemas lineales además de recordar que los métodos de linealización son muy tratables y asociando un sistema lineal a uno no lineal se pueden conocer muchas cualidades sobre su comportamiento.

El estudio está restringido por ahora a espacios de estados finitos y con descripciones lineales de la forma:

$$x' = Ax + Bu$$

$$y = Cx + Du$$

donde *A, B, C, D* son matrices de dimensión apropiada y dependiente del tiempo si son sistemas invariables en el tiempo (SLIT), son numéricas.

La solución formal puede ser construida a partir de la condición inicial del sistema, haciendo uso de la matriz de transición de estado $\phi(t,t_0)$ que es solución de la ecuación diferencial

$$\dot{\phi}(t,t_0) = A\phi(t,t_0)$$

con condición inicial

$$\phi(t,t_0)\rangle_{t=0} = I$$

existe y es única la solución para toda matriz de funciones *A*(*t*), (con interés práctico). La solución es

$$x(t) = \phi(t,t_0)x(t_0) + \int_{t_0}^{t} \phi(t,\tau)B(\tau)\mu(\tau)d\tau$$

si

$$\Phi(t,t_0) = e^{A(t-t_0)}$$

resulta

$$x(t) = e^{A(t-t_0)}x(t_0) + \int_{t_0}^{t} e^{(t-\tau)}B(\tau)u(\tau)d\tau$$

y la salida *y*(*t*) puede obtenerse por la ecuación de salida.

Este resultado, conocido a veces como la fórmula de "variación de constantes", muestra la dependencia lineal de la solución sobre las entradas.

En caso de sistemas variables en el tiempo, las soluciones pueden ser complicadas, excepto si $A_{(t)}$ es periódico. Para los casos de SLIT, se simplifica enormemente al ser *(ABCD)* matrices constantes y el estado en un tiempo dado depende solo de una función en lugar de dos, recordemos que sin pérdida de generalidad tomamos $t_0 = 0$ como origen de nuestra experiencia en un SLIT resulta

$$\phi(t,0) = e^{At}$$

donde la función matriz exponencial se puede definir por una serie de potencia como

$$e^{M} = I + M + \frac{M^2}{2!} + \cdots$$
$$e^{At} = I + \sum_{k=1}^{\infty} \frac{(At)^k}{k!}$$

La salida puede expresarse como: *y(t)=Ax(t)+Du(t)*, como: $x(t) = e^{A(t-t_0)}x(t_0) + \int_{t_0}^{t} e^{(t-\tau)}B(\tau)u(\tau)d\tau$ se puede expresar:

$$y(t) = Ce^{At}x(0) + \int_{0}^{t} g(t-\tau)\mu(\tau)d\tau$$

donde *g*(*t*) es la respuesta al impulso $\delta(t)$, $g(t) = Ce^{At}B + D\delta(t)$

En la mayoría de los casos prácticos la entrada no se vincula directamente a la salida y $D = 0$.

Esta solución de $y(t)$ implica la integral de convolución es más conveniente resolverla por la transformada de Laplace

Una propiedad de los sistemas dinámicos en parte, es su estabilidad, a fin de encontrar expresiones generales consideramos primero un caso libre, sin excitación que determine respuestas forzadas.

La respuesta se deberá solo a las condiciones iniciales, es estable si para $t \to \infty$ toda variable permanece acotada y es asintóticamente estable si todas convergen a cero.

La respuesta libre está dada por

$$x(t) = e^{At} x(0)$$

Para la estabilidad asintótica es necesario y suficiente que $e^{At} \to 0$ para $t \to \infty$ lo que exige que la "matríz A posea todo autovalor a parte real negativa". Para los casos dependiente del tiempo la condición es:

$$\phi(t, t_0) \to 0 \qquad \text{si} \qquad t \to \infty, \quad \forall \ t_0$$

Por supuesto esto es válido para todo sistema lineal y que permanezca así para cualquier estado, en la práctica intuimos que muy pocos sistemas cumplen con estas propiedades.

En el caso de estabilidad y en un sentido amplio es aplicable el concepto que entrada acotada produzca salida acotada. En el caso de sistemas invariante en el tiempo de dimensión finita, es estable asintóticamente si solo si $g(t) \to 0$ cuando $t \to \infty$.

En términos de Laplace esto significa que todo los polos de $G(s)$ (transformada de $g(t)$) están en el semiplano izquierdo abierto (poseen parte real negativa).

Los polos de $G(s)$ son las raíces de $|(sI - A)| = 0$ y coinciden con los autovalores de A, de estos autovalores dependen las cualidades de los SLIT.

2.2. Modelos de Espacios de Estado

Denominando al vector de estado y al vector entrada

$$x = (x_1, x_2, \cdots, x_n)^T$$

$$u = (u_1, u_2, \cdots, u_m)^T$$

Las ecuaciones de estado se pueden expresar

$$\dot{x}_1 = f_1(x, u, t)$$

$$\dot{x}_2 = f_2(x, u, t)$$

$$\vdots$$

$$\dot{x}_n = f_n(x, u, t)$$

vectorialmente

$$\dot{x} = f(x,u,t)$$

Además la ecuaciones de salida

$$y_1 = h_1\,(x,u,t)$$
$$y_2 = h_2\,(x,u,t)$$
$$\vdots$$
$$y_p = h_p\,(x,u,t)$$

vectorialmente

$$y = h(x,u,t)$$

Estas ecuaciones de estado y de salida componen las ecuaciones dinámicas del sistema.

2.3. Existencia y Unicidad

Dado que este modelo, contiene mucha información sobre el sistema. Se puede predecir su comportamiento para un tiempo cualquiera. Es necesario que la ecuación diferencial de estado posea una solución única para todo valor inicial $x(t_0)$, para todo vector de entrada $u(t)$. Esto puede asegurarse imponiendo algunas condiciones sobre el vector función $f(x,u,t)$ o sobre las funciones

$$f_u(x,t) = f\left[x,u(t),t\right]$$

que resulten de la excitación de una determinada entrada.

$$\dot{x} = f_u(x,t)$$

Para que exista solución es suficiente que $f_u\,(x,t)$ sea ***continua.*** Esto no asegura la unicidad de la solución, para lo cual debe cumplir con la condición de Lipschitz.

Para un análisis de la unicidad es necesario introducir métricas, por ahora usaremos la norma euclideana donde

Dentro de esta norma, la condición de Liptchitz es:

$$\left|f_u(x,t) - f_u(\tilde{x},t)\right| \leq k\left|x - \tilde{x}\right|$$

para x y $\tilde{x}$ en una específica región y para todo t, k es una constante.

Esta condición automáticamente implica que f es continua con respecto a x y combinado con la continuidad respecto a t, garantizan la existencia y unicidad de solución.

Esta condición de Liptchitz es muchas veces más estricta que lo necesario, la discontinuidad de las funciones no es una dificultad muy seria, ya que si $f_u(x,t)$ posee solo un número finito de discontinuidades en algún intervalo, se puede simplificar cortando el eje de tiempo sobre estos puntos, construyendo zonas continuas con sus bordes en las discontinuidades, donde la solución pueda determinarse. En caso de entrada $u(t)$ discontinua en el origen, puede estudiarse dentro de la continuidad a la derecha de cero.

Si aparecen discontinuidades respecto a las variables de estado, esto requiere un mayor esfuerzo ya que significa en realidad violación a la condición de Liptchitz y es posible la pérdida de unicidad.

2.4. Sistemas Autónomos

Aunque las ecuaciones de un modelo dinámico en general dependen del tiempo, de la entrada $u(t)$ o de ambos, una gran parte de la teoría de sistemas no lineal es establecida como casos donde la ecuaciones no poseen dependencia del tiempo, ya sea de entradas (como relaciones temporales) o del tiempo. *Tales sistemas son denominados autónomos* y estos se presentan en la práctica donde por ejemplo el vector de entrada es fijo o constante, "no necesariamente nula", tan solo independiente del tiempo.

Algo parecido sucede cuando entradas polinomiales, exponenciales o senoidales aparecen y pueden también incluirse en la categoría de "autónomos" como una generalización de sistema con entrada constante.

En los casos autónomos, la ecuación diferencial para el vector de estado viene dada:

$$\dot{x} = f(x, \hat{u})$$

donde $\hat{u}$ es un vector constante, que además puede ser ajustado, siendo posible conocer como estos valores afectan al comportamiento del sistema.

Los puntos de equilibrio en el espacio de estado son los valores $\hat{x}$ tal que satisfagan para las condiciones iniciales que

$$f(\hat{x}, \hat{u}) = 0$$

Las soluciones (si existen) en general dependen en valor y multiplicidad de $\hat{u}$. Luego si el modelo es linealizado sobre un punto de equilibrio en particular las condiciones serán dadas sobre $\hat{x}$ y sobre $\hat{u}$, las matrices de los coeficientes del sistema lineal resultan depender de los valores elegidos para estos vectores.

Considerando que $f(x, \hat{u})$ satisface a Liptchitz, las ecuaciones diferenciales para $x(t)$ poseen una solución única, para cualquier valor inicial de $x(0)$.

El camino trazado sobre el espacio de estado por $x(t)$ es denominado "trayectoria" del sistema y como la propiedad es poseer solución única, las trayectorias no pueden cortarse, por un punto solo pasa una trayectoria. (En caso de n puntos de equilibrio, la correspondiente trayectoria degenera sobre el punto mismo, muchas veces se denomina como "punto singular" (PS).

Si eliminamos la dependencia de $\hat{u}$, las ecuaciones del sistema autónomo se simplifican como

$$\dot{x} = f(x)$$

y el conjunto de todas las trayectorias de la ecuación provee una representación geométrica completa del comportamiento dinámico del sistema bajo las condiciones especificadas.

Esto es muchas veces referido como "el plano de fase" aunque estrictamente hablando, este término proviene de un tipo particular de espacio de estado en que la ecuación toma la forma

$$\dot{x}_1 = x_2$$

$$\dot{x}_2 = x_3$$

$$\vdots$$

$$\dot{x}_{n-1} = x_n$$

$$\dot{x}_n = \phi(x_1, x_2, \ldots x_n)$$

donde todo funcional no trivial está contenido en ϕ y los componentes del vector de estado se denominan "fases variables".

Sin especular mucho con los cambios introducidos por el uso de las nuevas representaciones, continuaremos empleando el término de "*plano de fase*" especialmente para describir sistemas de segundo orden donde el espacio de estado es justamente un plano.

Para casos de mayor orden es muy dificultoso visualizarlos. La mayoría de los sistemas se los aproxima por medio de representaciones usando solo dos variables de estado.

2.5. Puntos de Equilibrio

Los puntos de equilibrio de sistemas autónomos $\dot{x} = f(x)$ vienen dados por $f(x) = 0$ y se los denominan también puntos singulares porque aparentemente violan la regla general donde una trayectoria puede pasar solo por un punto. Esta violación es solo aparente ya que en realidad las trayectorias no pasan por el punto singular sino que se aproximan o salen de el asintóticamente, dependiendo de las propiedades de la estabilidad del equilibrio estabilidad asintótica que lo alcanza en cuanto $t \to \infty$.

Por ejemplo, en cuanto analicemos la propuesta de Liapunov, ampliaremos este caso: asumiendo que $f(x)$ es pequeño al realizar la linealización alrededor del punto singular $\hat{x}$ la aproximación lineal esta dada por:

$$f(x) = f(\hat{x}) + \frac{\delta f(x)}{\delta x}\bigg|_{x=\hat{x}} (x - \hat{x}) = J_x[f(x)]_{x=\hat{x}} \cdot \Delta x$$

como $\hat{x}$ es un PS entonces $f(\hat{x}) = 0$ y $J_x[f(x)]$ es el determinante de la matriz Jacobiana en $\hat{x}$ o sea comunmente denominado "el Jacobiano".

Así si:

$$\dot{x}_1 = ax_1 + bx_2^2$$

$$\dot{x}_2 = cx_1x_2 + dx_2$$

$$\hat{x} = (0,0) \cdots f(0) = 0$$

$$f(x) = J_x\left[f(x)\right](x - \hat{x})$$

$$J_x[f(x)] = \begin{bmatrix} \frac{d\dot{x}_1}{dx_1} & \frac{d\dot{x}_1}{dx_2} \\ \frac{d\dot{x}_2}{dx_1} & \frac{d\dot{x}_2}{dx_2} \end{bmatrix} = \begin{bmatrix} a & 2bx_2 \\ cx_2 & cx_1 + d \end{bmatrix}$$

en $\hat{x} = (0,0)$ resulta

$$J_x[f(x)]_{x=\hat{x}} = \begin{bmatrix} a & 0 \\ 0 & d \end{bmatrix} = A$$

Supuesta A no singular, esta aproximación es suficiente para determinar el comportamiento de la trayectoria en una aproximación del punto de equilibrio.

Además si A es no singular, sus autovalores definen el "tipo" de punto singular ya sea nudo, foco, silla o centro, por otra parte si A es singular la aproximación no es lineal.

2.6. El plano de fases

Los sistemas de segundo orden, se pueden estudiar con éxito por medio del plano de fase, mas allá de ser un método válido como instrumento de control, se pretende explorar las novedades que los sistemas no lineales puedan exhibir

Considerando al sistemas descripto por

$$x'' + f(x') + g(x, x') = 0$$

Y sean x_1, x_2 las nuevas variables de estado definidas como

$$x_1 = x$$

$$x_2 = x'$$

Luego

$$x^{\cdot\cdot} = -f(x_2) - g(x_1, x_2) = x_2' \qquad [1]$$

$$x'' = x_2' = \frac{dx_2}{dx_1} \cdot \frac{dx_1}{dt} = \frac{dx_2}{dx_1} . x_2$$

Por lo tanto se puede transformar al sistema como

$$\frac{dx_2}{dx_1} = -\frac{f(x_2) + q(x_1, x_2)}{x_2} \qquad \forall\, x_2 \neq 0 \qquad [2]$$

Las soluciones de [1] corresponden a curvas en el plano (x_1,x_2), que se denominan "trayectorias de fase", la elección de una trayectoria dada depende de las condiciones iniciales.

La [2] representa las pendientes de la trayectoria en ese plano de fase.

Al pasar el tiempo el punto representativo del estado del sistema recorre una trayectoria.

Se pueden obtener ecuaciones de primer orden

$$x_1' = x_2$$
$$x_2' = -f(x_2) - g(x_1, x_2)$$

La trayectoria representa las solución $x_2=W(x_1,x_2)$ que en general es implícita, y es de difícil obtención por medio de métodos analíticos ya que implican espirales exponenciales, y la relación $W(x_1,x_2)$ es funcional a tramos.

Ejemplo 1

Sea un péndulo sin fricción, con oscilaciones en torno del punto de equilibrio, descripto por

$$x'' + \omega_o^2\, x = 0$$

la posición del péndulo está definida por las variables:

$$x_1 = x \qquad\qquad x_2' = -\omega_0^2\, x_1$$
$$x_2 = x' \qquad\qquad x_1' = x_2$$
$$\frac{x_2'}{x_1'} = \frac{-\omega_0^2\, x_1}{x_2} \quad \Rightarrow \quad x_2 x_2' = -\omega_0^2\, x_1\, x_1'$$

le buscamos solución: $x_2 \dfrac{dx_2}{dt} = -\omega_o^2 .x_1 . \dfrac{dx_1}{dt}$

$$\int x_2\, dx_2 = -\omega_0^2 \int x_1\, dx_1$$
$$x_2^2 = -\omega_0^2\, x_1^2 + C_1' \qquad \text{ó} \qquad x_2^2 + \omega_0^2\, x_1^2 = C_1'$$

C_1' es una constante que depende de las condiciones iniciales, esto es posición $x_1(0)$ ó x_{10} y velocidad $x_2(0)$ ó x_{20} del péndulo. Por lo tanto en el plano de fase las soluciones de las ecuaciones de estado, son elipses parametrizadas por las condiciones iniciales, (la posición y velocidad inicial del péndulo).

La solución de la ecuación es del tipo:

$$x(t) = x_{10}\, \text{sen}(\omega_0 t + \phi) = x_1(t)$$
$$\dot{x}(t) = x_{20} \cos(\omega_0 t + \phi) = x_2(t)$$

Se concluye que mientras la trayectoria recorre una elipse en el plano (x_1,x_2), $x_1(t)$ y $x_2(t)$ describen senoides en el plano (x_1,t) y (x_2,t).

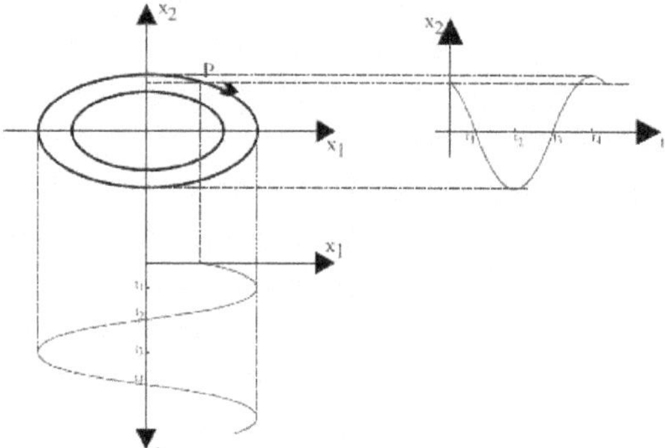

Figura 2. Trayectoria en el plano de fase. Posición y velocidad

El sentido de la trayectoria en el plano (x_1,x_2) debe deducirse de la ecuación. Si estaba en el punto P resulta $x_2 > 0$ entonces será $x'_1 > 0$ luego x_1 es creciente y se desarrolla hacia la derecha, $\dot{x}_2 = -\omega_0^2 . x_1$ luego $x'_2 < 0$ implica que x_2 es decreciente, es hacia abajo. Con estas análisis se determina el sentido de la trayectoria, que posee un PS en el origen y se denomina centro a este tipo de trayectoria.

Ejemplo 2

Sistema mecánico de masa m, constante elástica k y fuerza de fricción de Coulomb, f_0 $[N]$ la ecuación que lo vincula como:

$$mx'' + kx \pm f_0 = 0$$

siendo f_0: negativo (-) para $x' < 0$ y positivo (+) para $x' > 0$, en que x es la posición del cuerpo de masa m medido a partir en que la masa opone fuerza nula.

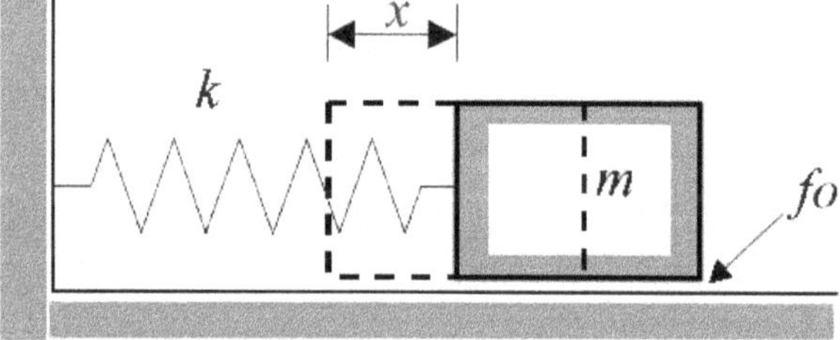

Figura 3. Modelo de masa resorte fricción

Si $x' < 0$ entonces con: $x'' + \frac{k}{m}x \pm \frac{fo}{m} = 0$

reemplazando $X = x + \frac{f_0}{k}$ resulta: $mX'' + kX = 0$ con soluciones integrales representadas por elipces.

Formulamos el modelo de estado:

$$x_1 = X$$
$$\dot{x}_1 = X' = x_2$$
$$\dot{x}_2 = X'' = -\frac{k}{m}x_1$$
$$\frac{\dot{x}_2}{\dot{x}_1} = \frac{-\frac{k}{m}x_1}{x_2}; \quad \dot{x}_2 x_2 = -\frac{k}{m}x_1\dot{x}_1; \quad \int x_2 dx_2 = -\frac{k}{m}\int x_1 dx_1; \quad x_2^2 = -\frac{k}{m}x_1^2 + C; \quad x_2^2 + \frac{k}{m}x_1^2 = C$$

son elipces desplazadas :

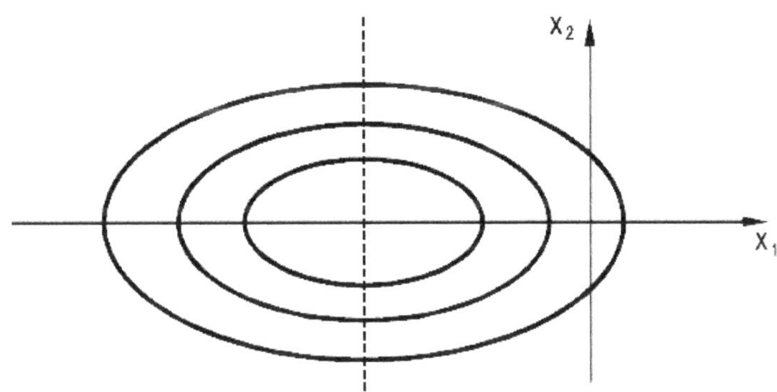

Si $x' > 0$ entonces con: $x'' + \frac{k}{m}x \pm \frac{fo}{m} = 0$

reemplazando $X = x - \frac{f_0}{k}$ resulta: *mX''+kX=0* con soluciones integrales representadas también por elipces. Pero en este caso desplazadas hacia la derecha

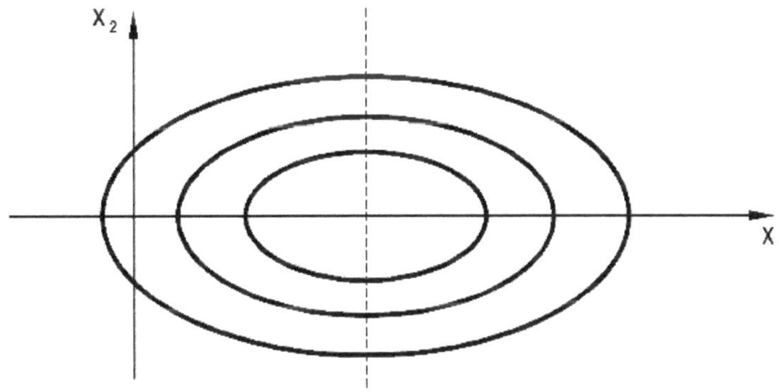

Si el sistema es abandonado desde una posicion inicial, por ejemplo *P* con $x_2>0$, desarrolla la elipce que corresponde a $X' = x' > 0$ y en cuanto cambia el signo de x' la trayectoria cambia recorriendo la otra elipce correspondiente a $x' < 0$.

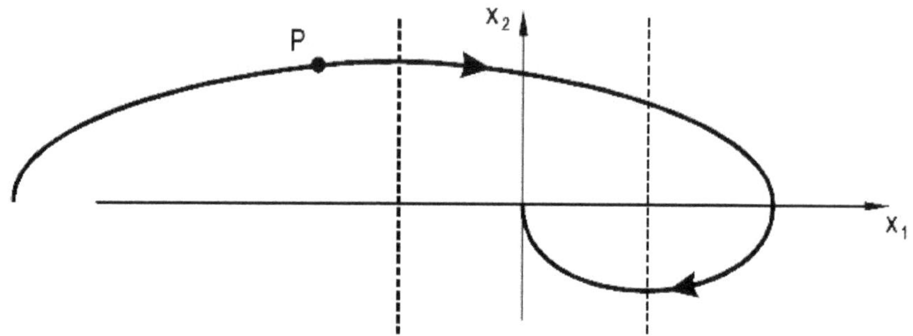

EJEMPLO 3

Veamos el sistema con controlador sujeto a saturación linealizada.

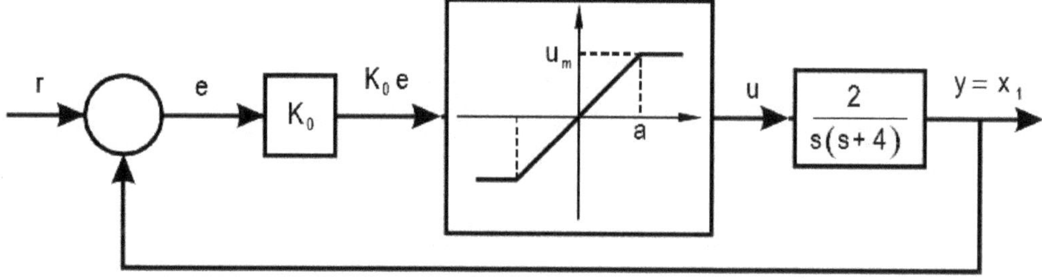

Si $u(t)$ salida del controlador alcanza al valor máximo o mínimo $u_m(t)$ se satura y mantiene la señal de mando constante al valor u_m.

La ley de la no linealidad es tal que:

$$u = f(e) = \begin{cases} si\ K_0 e > a \ \ entonces\ \ u = u_m \\ si\ \ -a < K_0 e < a\ \ entonces\ \ u = K_0 e . \dfrac{u_m}{a} \\ si\ K_0 e < -a\ \ entonces\ \ u = -u_m \end{cases}$$

Del proceso

$$G_p(s) = \frac{2}{s(s+4)}$$

resulta:

$$\begin{aligned} \dot{x}_1 &= x_2 \\ \dot{x}_2 &= -4x_2 + 2u \end{aligned}$$

Se puede reagrupar para constituir tres sistemas lineales (a tramos) con soluciones como las propuestas por ode23.

Se crea un archivo M para describir el estado no lineal del sistema:

Suponiendo $r(t)=8$ salto en escalón de 8 unidades, $u_m=5$, y denominando la función M como limit.m resulta:

```
function xdot=limit(t,x);
r=8; k0=5 ; um=5; e=r-x1(1);
if k0*e>um, u=um;
else if k0*e<-um; u=-um;
else, u=k0*(r-x1(1));
end
xdot(1)=x(2);
xdot(2)=-4*x(2)+2*u;
```

el programa principal se puede crear como:

```
t0=0; tf=20;
x0=[0,0];
[t,x]=ode23('limit',t0,tf,x0);
plot(x(1,:),x(2,:)), grid
```

2.7. Construcción de las trayectorias

Los métodos obvios, pero de difícil ejecución manual consisten en resolver las ecuaciones diferenciales y transportar las soluciones al plano de fase. Especialmente cuando las ecuaciones son no lineales es eficiente construir aproximadamente las trayectorias.

Se presentan los métodos de las isoclinas y la construcción de Lienard, (el método delta y de las isoclina está tratado en K. Ogata "*Ingeniería del Control Moderna*" 1ra Ed. entre otros autores).

2.7.1. Método de las isoclinas

Isoclina es el lugar geométrico del plano (x_1,x_2) donde la pendiente de la trayectoria solución de la ecuación diferencial es constante.

El método consiste en obtener primero la ecuación algebraica de la isoclina (de pendiente genérica α) después dibujar las isoclinas correspondientes a diversos valores de tal forma que la región de interés en el plano sea razonablemente explorada por las isoclinas.

Dado un punto inicial, se construye una aproximación a la trayectoria correspondiente trazando pequeños segmentos de recta con pendiente α

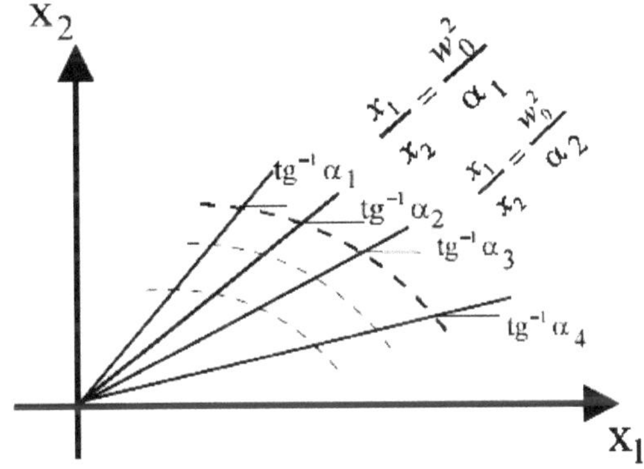

Método de las isoclinas.

La ventaja de este método es que, en general, la ecuación de la isóclina es obtenida sin integrar ecuación diferencial alguna.

La desventaja, es la posible acumulación de errores difícil de detectar por construir la trayectoria por segmentos.

Sea la ecuación de un sistema de la forma

$$x'_1 = x_2$$

$$x'_2 = -f(x_2) - g(x_1, x_2)$$

Siendo

$$x'_1 = \frac{dx_1}{dt} \qquad \text{y} \qquad x'_2 = \frac{dx_2}{dt}$$

$$\frac{dx_2}{dx_1} = \frac{x_2'}{x_1'} = \alpha$$ pendiente de la trayectoria en (x_1, x_2)

Luego

$$\alpha = -\frac{f(x_2) + g_1(x_1, x_2)}{x_2} = cte$$ [ecuación de las isoclinas]

EJEMPLO 4

Sea el sistema lineal representado por

$$x'' + \omega_o^2 \, x = 0$$

definiendo:

$$x_1 = x \qquad \text{y} \qquad x_2 = x'$$

entonces:

$$x_2 = x_1' = x' \qquad x_2' = -\omega_0^2 \, x_1$$

El punto singular (PS) es el origen (0,0). Las pendientes de la trayectoria:

$$\alpha = \frac{-\omega_0^2 x_1}{x_2}$$

o sea

$$x_2 = \frac{-\omega_0^2}{\alpha} \, x_1$$

es un conjunto de rectas que pasan por el origen y de pendiente $\frac{-\omega_0^2}{\alpha}$

Se puede tabular:

Por la pendienteα	**forma**	**ecuación**
1	/	$x_2=-\omega_o^2\, x_1$
10		$x_2=-(\omega_o^2\,/10)x_1$
∞	|	$x_2=0$
0	—	$x_2 \to \infty\ ;\ x_1=0$
Por la ecuación		
$\alpha= -\omega_o^2$		$x_2= x_1$

Supuesto $\omega_o=1$ queda:

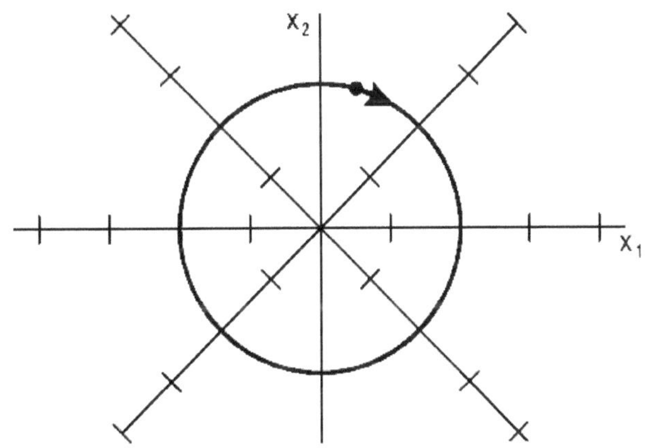

Figura 7. Método de las isoclinas.

La trayectoria partiendo de un punto A, tiene inicialmente la pendiente de la isóclina que pase por A, sea α_1 luego con una recta de pendiente α_1 hasta que corte a la recta de pendiente α_2 y así se prosigue.

El sentido del movimiento se deduce siempre del signo algebraico de en cada punto del plano; tal sentido puede ser analizado por medio de las ecuaciones del plano de fase.

Por ejemplo, en el punto A; $x_2 >0$ luego $x'_1 = x_2 > 0$ es decir x_1 es creciente, se dirige hacia la derecha, también como x_1 y x_2 son positivas, entonces de la ecuación de x'_2 resulta menor que cero es decir es hacia abajo.

Ejemplo 5

Sea un sistema cuya dinámica esta representado por:

$x''+2x'+|x|=0$

entonces:

$x_1=x$ $x'_1=x_2$

$x_2=x'$ $x'_2=-2x_2-|x_1|$

1. Puntos singulares: solo un punto el origen (0,0)

2. Caso 1: si $x_1>0$ (el semiplano derecho)

$x'_1=x_2$

$x'_2=-2x_2-x_1$

La isoclina poseen pendientes:

$$m=\frac{x'_2}{x'_1}=\frac{-2x_2-x_1}{x_2}$$

ecuación de isoclinas:

$$x_2=-\frac{1}{m+2}x_1$$

tabulando:

m	forma	ecuación
0	—	$x_2=-x_1/2$
∞	|	$x_2=0$
1	/	$x_2=-x_1/3$
-4	\	$x_2=x_1$
-1	\	$x_2=-x_1$

Bosquejando la trayectoria:

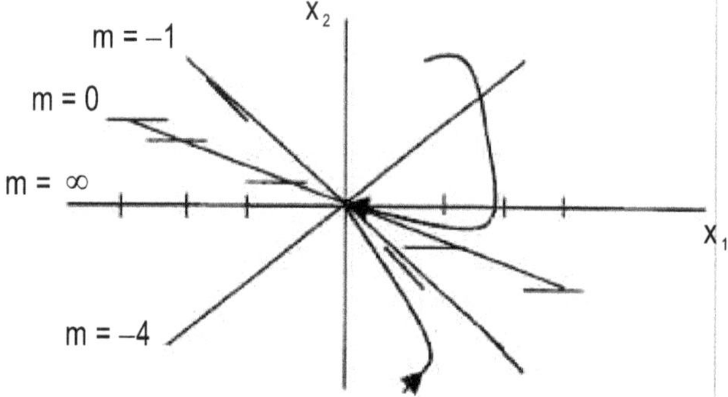

Figura 8. Método de las isoclinas.

3. Caso 2: si $x_1<0$ (el semiplano izquierdo)

$x'_1=x_2$

x'_2=-2x_2+x_1

La isoclina poseen pendientes:

$$m = \frac{x'_2}{x'_1} = \frac{-2x_2 + x_1}{x_2}$$

ecuación de isoclinas: $x_2 = \dfrac{1}{m+2} x_1$

tabulando:

m	forma	ecuación
0	—	$x_2 = x_1/2$
∞	|	$x_2=0$
1	/	$x_2 = x_1/3$
-4	\	$x_2 = - x_1/2$
-1	\	$x_2 = x_1$

Bosquejando la trayectoria:

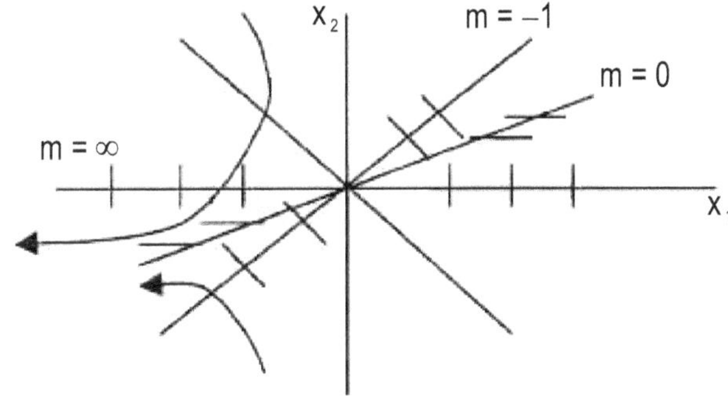

Figura 9. Método de las isoclinas.

A la derecha el sistema es estable, converge al origen, en el semiplano izquierdo es inestable, escapa.

Ejemplo 5

Sea el sistema dinámico no lineal (péndulo en el campo gravitacional sin fricción).

$$x'' + g \ \text{sen}\, x = 0$$

si $x_1=x$; $x'_1=x_2$; $x'_2= -g$ sen x_1,

luego la ecuación de la isoclina es

$$\alpha = \frac{-g \ \text{sen}(x_1)}{x_2}$$

por lo tanto

$$x_2 = \frac{-g(\text{sen} \ x_1)}{\alpha}$$

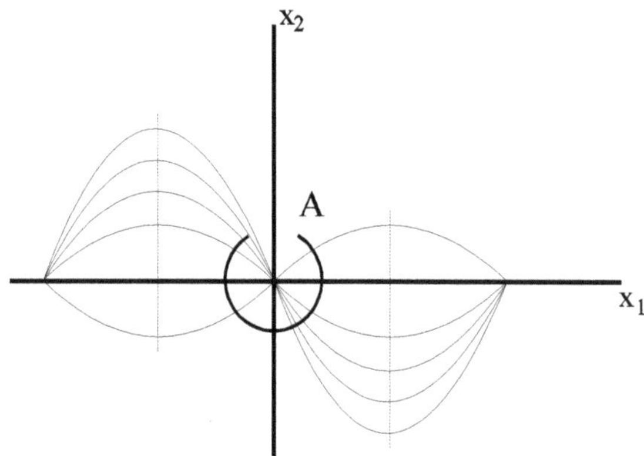

Figura 10. Isoclinas del péndulo,

Las curvas isoclinas de este sistema son senoides de argumento x_1 y de amplitud variable con el coeficiente α.

La construcción gráfica de las trayectorias resultan elipses.

2.7.2. Construcción de Lienard

Sea la ecuación diferencial del sistema escrita de la forma

$$\ddot{x} + f(x, \dot{x}) = 0$$

Pasando a la forma lineal de primer orden

$$\dot{x}_1 = x_2$$

$$\dot{x}_2 = -f(x_1, x_2)$$

donde

$$\frac{\dot{x}_2}{\dot{x}_1} = \frac{dx_2}{dx_1} = \frac{-f(x_1, x_2)}{x_2}$$

Se consideran los casos particulares

$$f(x_1, x_2) = x_1 - \phi(x_2)$$

$$f(x_1, x_2) = x_2 - \psi(x_1)$$

Partiendo de la ecuación original queda

$$\frac{dx_2}{dx_1} = -\frac{1}{x_2}[x_1 - \phi(x_2)]$$

La construcción de Lienard comienza por el trazado de $\phi(x_2)$ (o de la ψ) en el plano de fase

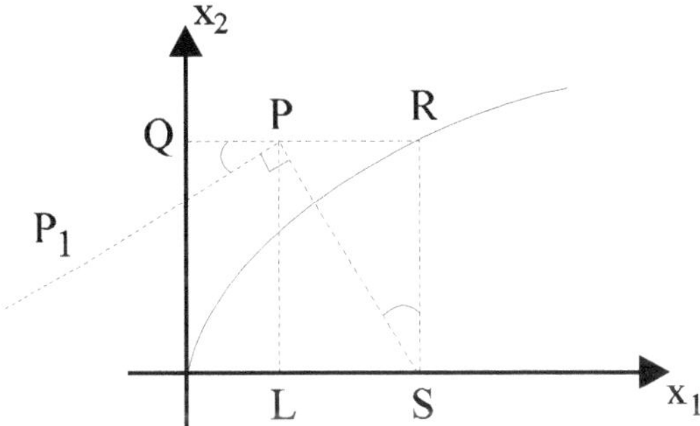

Figura 11. Construcción de Lienard

Sea *P* un punto del plano a partir del cual se desea construir una trayectoria. Trazando por *P* una paralela al eje *x*, se determina *R* en la curva $x_1 = \phi(x_2)$ y Q en el eje Ox_2.

Sea RS una paralela a por R se encuentra al eje O*x*, en S; la perpendicular a PS, PP_1 es tangente a la trayectoria del sistema en el punto P.

En efecto

$$RS = x_2$$

$$PQ = x_1$$

$$PR = x_1 - \phi(x_2)$$

$$\frac{dx_2}{dx_1} = -\frac{1}{x_2}[x_1 - \phi(x_2)] = -\frac{PR}{PS} = -tg\alpha$$

α, ángulo R$\hat{S}$P. Como PP_1 es perpendicular a *PS*, PP_1 tiene la pendiente α, o sea la pendiente de la trayectoria.

La aceleración *x*" también está dada por la construcción de Lienard, en forma de la distancia *SL*, (*L* es la proyección del punto *P* en el eje (O,x_1). De hecho en la figura

$$\frac{SL}{PL} = \text{tg}\,\alpha$$

Como $PL = x_2$ y $\text{tg}\,\alpha = \dfrac{dx_2}{dx_1}$ resulta

$$SL = x_2 \frac{dx_2}{dx} = x''$$

2.8. Cálculo de los tiempos de paso

Si:

$$\dot{x}_1 = x_2$$
$$\dot{x}_2 = -f(x_2) - g(x_1, x_2)$$

Es simple obtener estimativas gráficas del tiempo necesario para el punto representativo del sistema dinámico desde el punto A al B de una trayectoria (No hay puntos singulares en AB).

De la primera ecuación se tiene

$$dt = \frac{dx_1}{x_2}$$

luego

$$tAB = \int_A^B dt = \int_{x_1(A)}^{x_1(B)} \frac{1}{x_2} dx_1$$

Como x_2 es obtenido del plano de fase, para cada x_1 es posible calcular $t_{A,B}$ integrando gráficamente la función $\frac{1}{x_2}$ entre $x_1(0)$ y $x_1(t)$.

En la figura 10 se ve que $t_{A,B}$ es numéricamente el área sombreada. Obviamente, la precisión de la aproximación es pequeña si $x_2 \cong 0$. En este caso si la trayectoria va de A a B siendo ambos próximos. Se puede estimar t_{AB} como: La aceleración media entre A y B

$$x'_{2AB} = \frac{x_{2B} - x_{2A}}{t_{AB}}$$

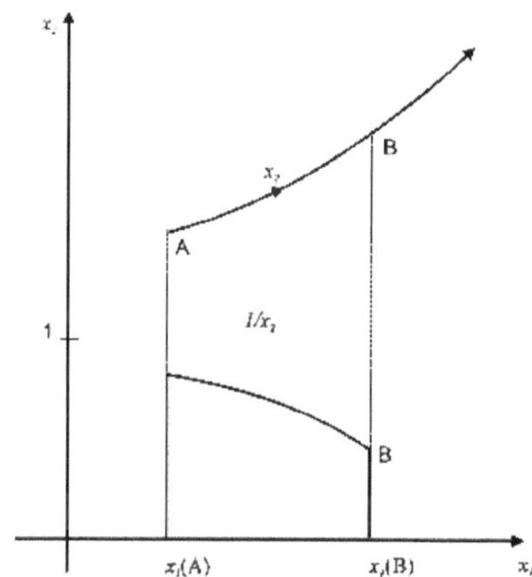

Figura 12. Tiempo de paso

de la ecuación como del sistema

$$x'_1 = x_2 \qquad x_2' = -f(x_2) - g(x_1, x_2)$$

siendo $x_2 \cong 0$ resulta:

$$x'_{2AB} \cong -f(0) - g(x_{1A}, 0)$$

por lo tanto

$$t_{AB} \cong \frac{x_{2A} - x_{2B}}{f(0) + g(x_{1A}, 0)}$$

2.9. Análisis de las trayectorias

Lo tratado anteriormente, permite la construcción gráfica de las trayectorias, escogiendo un punto de partida y es natural que el conocimiento de la dinámica del sistema aumente con el número de trayectorias diferentes establecidas según sea el punto de partida. La eficiencia del método es mucho mayor cuando se presta atención a las peculiaridades como: localización y clasificación de los puntos singulares, y los ciclos límites.

Considerando el sistema dinámico

$$\dot{x}_1 = f_1(x_1, x_2)$$

$$\dot{x}_2 = f_2(x_1, x_2)$$

Se denominan puntos singulares o de equilibrio los puntos $(\dot{x}_1, \dot{x}_2)$ en que $f_1(\bullet)$ y $f_2(\bullet)$ se anulan simultáneamente. Físicamente es el punto representativo del sistema donde posee o tiende a velocidad nula y aceleración nula, por lo tanto no se mueve.

En un sistema ***lineal***, hay solo un punto de equilibrio y si además es ***autónomo***, es el origen del plano de fase.

Si el sistema lineal no es autónomo, puede considerarse, sie es posible, una transformación de coordenadas que lleva a cada punto de equilibrio al origen

$$z_1 \hat{=} x_1 - \overline{x}_1$$

$$z_2 \hat{=} x_2 - \overline{x}_2$$

como

$$\dot{z}_1 = \dot{x}_1$$

y

$$\dot{z}_2 = \dot{x}_2$$

el sistema se transforma en

$$\dot{z}_1 = f_1\left(z_1 + \overline{x}_1, z_2 + \overline{x}_2\right) \hat{=} F_1\left(z_1, z_2\right)$$

$$\dot{z}_2 = f_2\left(z_1 + \bar{x}_1, z_2 + \bar{x}_2\right) \hat{=} F_2\left((z_1, z_2\right)$$

con:

$$F_1(0{,}0) = F_2(0{,}0) = 0$$

Desarrollando las funciones F_1 y F_2 en serie de Mc Laurin en la proximidad del origen del nuevo plano de fase, bajo la hipótesis que existen las derivadas parciales necesarias, se tiene

$$F_1(z_1, z_2) = F_1(0,0) + \left.\frac{\delta F_1}{\delta z_1}\right|_0 z_1 + \left.\frac{\delta F_1}{\delta z_2}\right|_0 z_2 \left.\frac{\delta^2 F_1}{\delta z_1 \delta z_2}\right|_0 z_1 z_2 + \cdots$$

$$F_2(z_1, z_2) = F_2(0,0) + \left.\frac{\delta F_2}{\delta z_1}\right|_0 z_1 + \left.\frac{\delta F_2}{\delta z_2}\right|_0 z_2 + \cdots$$

Suponiendo muy pequeños los términos de derivadas de orden mayor que uno, y z_1, z_2 pequeños se tiene, llamando de a_{ij} las derivadas de primer orden

$$F_1(z_1, z_2) \cong a_{11} z_1 + a_{12} z_2$$

$$F_2(z_1, z_2) \cong a_{21} z_1 + a_{22} z_2$$

Que es un sistema lineal, aproximadamente igual al sistema original en las proximidades del punto de equilibrio $(\bar{x}_1, \bar{x}_2)$.

En la teoría de los sistemas lineales, se enfatiza especialmente que la solución depende de los autovalores λ_1 y λ_2 de la matriz $(a_{ij}) = A$, estos son raíces de la ecuación característica

$$|\lambda I - A| = 0$$

Además existe una transformación de variables $(z_1, z_2) \to (\bar{z}_1, \bar{z}_2)$ que vuelve más simple la forma de la solución hallada. Se trata de una transformación canónica.

Como solución, en términos de las nuevas variables se tiene λ_1 y λ_2 reales distintos

$$\bar{z}_1(t) = \bar{z}_1(0) e^{\lambda 1 t}$$

$$\bar{z}_2(t) = \bar{z}_2(0) e^{\lambda 2 t}$$

Si $\lambda_1 = \lambda_2 = \lambda$ real

$$z_1(t) = z_1(0) e^{\lambda 1 t}$$

$$z_2(t) = z_2(0) t e^{\lambda 2 t} + z_1(0) e^{\lambda t}$$

Si λ_1 y λ_2 son complejas conjugadas expresadas como $\alpha \pm j\beta$ resulta

$$z_1(t) = e^{\alpha t}\left(\overline{z}_1(0)\cos\beta t - \overline{z}_2(0)\operatorname{sen}\beta t\right)$$

$$z_2(t) = e^{\alpha t}\left(\overline{z}_2(0)\cos\beta t - \overline{z}_1(0)\operatorname{sen}\beta t\right)$$

El aspecto general de las trayectorias asociadas a los casos de arriba varía en forma bien marcada por eso en estos casos los puntos singulares reciben nombres como: ***focos, nodos, sillas, estrellas***.

Además de esto, los sentidos de desplazamiento de los puntos del sistema sobre la trayectoria depende de la estabilidad del sistema, los autovalores λ_1 y λ_2 a parte real negativa corresponden a estabilidad por lo tanto el desplazamiento es hacia el origen del plano de fases.

EJEMPLO 6

Sea el sistema péndulo con fricción viscosa

$$x'' + k\,x' + \operatorname{sen} x = 0$$

Pasando a variables de estado se tiene

$$x = x_1 \qquad x' = x_2$$

$$x_1' = x_2 \qquad x_2' = -k\,x_2 - \operatorname{sen} x_1$$

Los puntos de equilibrio están definidos por:

$$x_2 = 0$$

$$-k\,x_2 - \operatorname{sen} x_1 = 0 \quad \rightarrow \operatorname{sen} x_1 = 0$$

Considerando un entorno del punto de equilibrio (0,0) que representa bien el comportamiento dinámico próximo de los puntos $(0, n\pi)$ $\operatorname{sen} x_1 \cong x_1$.

Por lo tanto el sistema lineal para clasificar los puntos de equilibrio son

$$x_1' = x_2$$

$$x_2' = -x_1 - k\,x_2$$

cuyos autovalores

$$\lambda_{12} = -\frac{k}{2} \pm \sqrt{\frac{k^2 - 4}{4}}$$

Los siguientes son posibles dependiendo de k

$k = 0$ Centro

$-2 < k < 0$ Foco inestable

$0 < k < 2$	Foco estable
$k > 2$	No estable
$k < -2$	No inestable
$k = 2$	Estrella estable
$k = -2$	Estrella inestable

Gráficos aproximados para $k=1$:

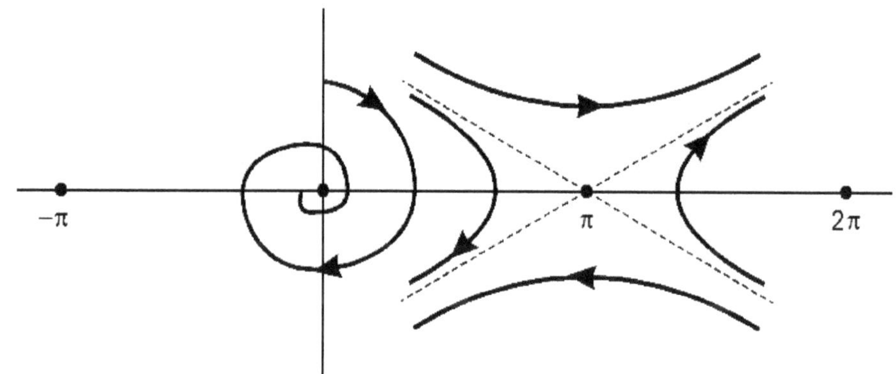

Trayectorias próximas a 0 y a π

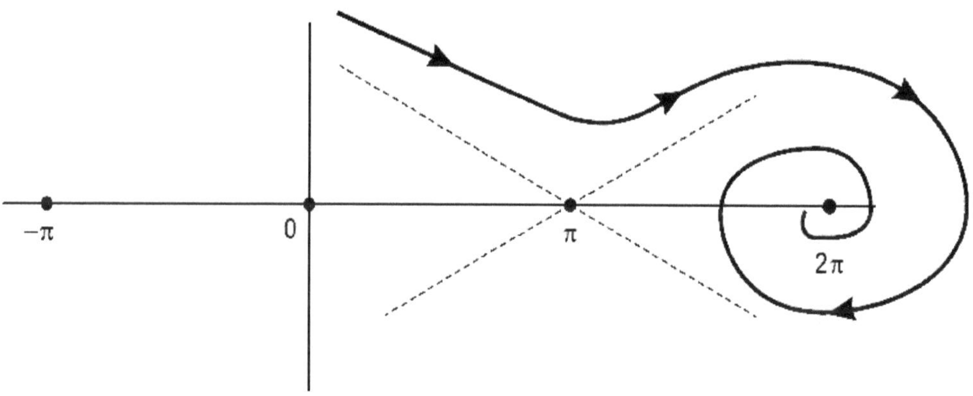

Trayectoria si es lanzado el péndulo con mucha velocidad y realiza un giro completo

2.10. Clasificación de los puntos de equilibrio

En un SLIT autónomo de segundo orden se pueden clasificar el comportamiento de las trayectorias próximas a los puntos singulares, esto permite ubicar las trayectoria y con ayuda del método de las isoclinas terminar de comprender su comportamiento.

Sea $\dot{x} = Ax \ \ con \ \ A = \begin{pmatrix} a_{11} & a_{12} \\ a_{21} & a_{22} \end{pmatrix}$ los autovalores son los que satisfacen la ecuación característica: $|\lambda I - A| = 0$

$$\begin{vmatrix} \lambda - a_{11} & -a_{12} \\ -a_{22} & \lambda - a_{22} \end{vmatrix} = (\lambda - a_{11})(\lambda - a_{22}) - a_{12}a_{21} = \lambda^2 - \lambda(a_{11} + a_{22}) + a_{11}a_{22} - a_{12}a_{21} = 0$$

Llamando $\sigma = a_{11} + a_{22}$ a la traza y $\Delta = a_{11}a_{22} - a_{12}a_{21}$ al determinante de A resulta:

$$\lambda^2 - \sigma\lambda + \Delta = 0; \quad las \ \ raices \ \ \lambda_{1,2} = \frac{\sigma \pm \sqrt{\sigma^2 - 4\Delta}}{2}$$

Los autovalores deben ser a parte real negativa para garantizar la estabilidad asintótica, lo que exige que la traza sea negativa.

Dependiendo del signo de σ^2-4Δ seran autovalores reales distintos, iguales o complejos.

Si $\Delta < 0$, entonces $\sigma^2 - 4\Delta > \sigma^2$ y existe una raíz negativa real y otra positiva real, luego el sistema es inestable.

Si $\Delta > 0$, entonces depende del signo de $\sigma^2 - 4\Delta$ la estabilidad.

Si $\sigma^2 = 4\Delta$ se está en la parábola donde si $\sigma < 0$ existen raíces reales negativas y si $\sigma > 0$ son reales positivas.

Las zonas de las raíces definen la estabilidad si $\sigma^2 < 4\Delta$ corresponde a focos estables si $\sigma^2 > 4\Delta$ corresponde a nodos estables en ambos casos con traza negativa.

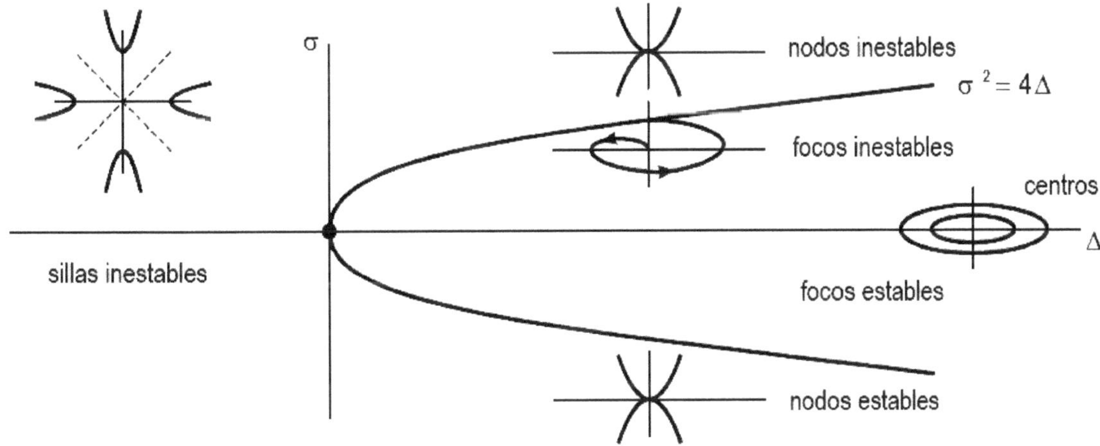

Resumen de comportamiento de las trayectorias

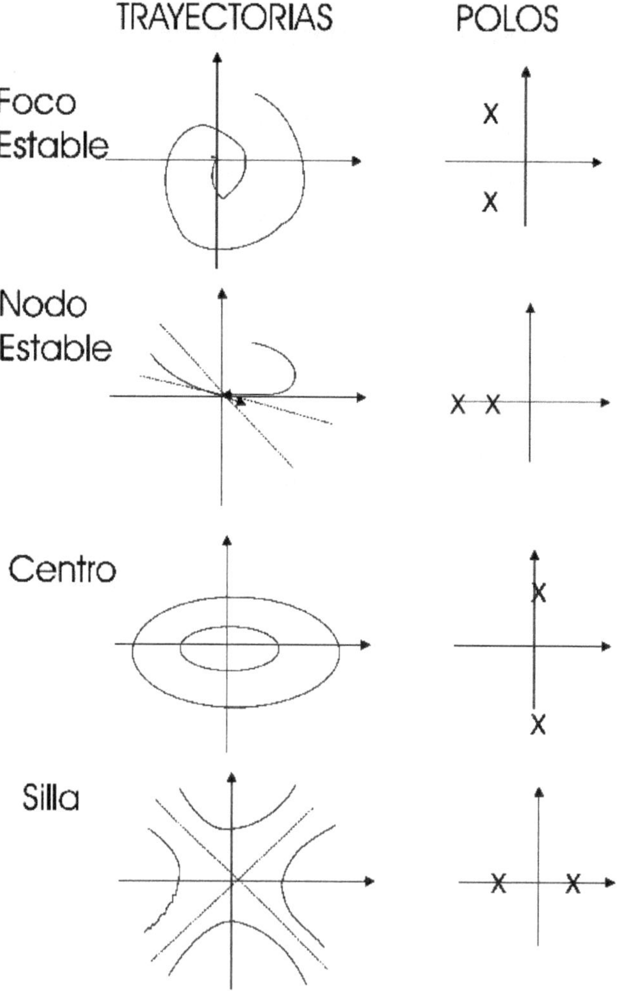

Figura 13. Aspecto de trayectorias en SLIT

2.11. Ciclos límites

En los sistemas no lineales, pueden aparecer oscilaciones sustentadas de frecuencia y amplitud fija, independiente de las condiciones iniciales, por lo tanto son oscilaciones determinadas apenas por las propiedades estructurales del sistema.

Tales oscilaciones están asociadas a trayectorias cerradas en el plano de fase y se denomina del tipo ***ciclo límite.***

Para una comprensión más completa del concepto de ciclo límite considérense los siguientes ejemplos

1. Sea el sistema lineal, oscilador armónico

$$x'' + x = 0$$

Las trayectorias descriptas por este sistema correspondiente a cualquier condición inicial son elipses de centro en el origen del plano de fase. Se puede constatar que

- Toda condición inicial da una solución periódica.
- El número de soluciones periódicas es infinito y las elipses cubren el plano de manera continua

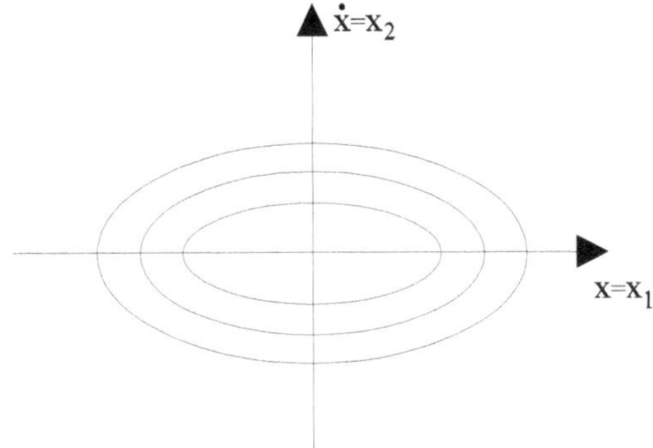

Figura 14. Centro

Esto constituye un centro, no es un ciclo límite.

2. Sea el sistema de segundo orden

$$\dot{r} = 1 - r^2 \qquad r(0) = r_0$$

$$\dot{\phi} = 1 \qquad \phi(0) = \phi_0$$

en que r y ϕ son las coordenadas polares. La solución de este sistema es

$$r(t) = \frac{A\,e^{2t} - 1}{A\,e^{2t} + 1}$$

donde

$$A = \frac{1 + r_0}{1 - r_0} \qquad r_0 \neq 1$$

Si $r_0 = 1$ se indetermina A, se puede levantar

$$r(t) = lim_{r_o \to 1} \frac{\frac{1 + r_0}{1 - r_0} e^{2t} - 1}{\frac{1 + r_0}{1 - r_0} e^{2t} + 1} = 1$$

$$\phi(t) = \phi_0 + t$$

Se verifica que hay una única solución periódica correspondiente a $r_0 = 1$. Las otras soluciones se aproximan a ella para $t \to \infty$, Figura 12.

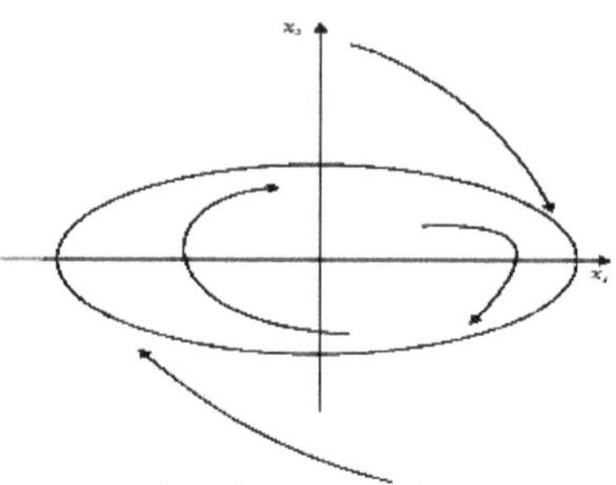

Figura 15. Ciclos límites

Comparando los ejemplos, se verifican algunas diferencias: del punto de vista gráfico, el plano de fase, ambos ejemplos presentan trayectorias ***cerradas***.

A). Las oscilaciones son independientes de las condiciones iniciales. Cada condición inicial le corresponde una elipse determinada, se denomina ***centro*** a esta forma de trayectoria.

B). Se denominan ***ciclos límites*** a cualquier trayectoria ***cerrada*** y ***aislada*** en el plano de fase donde para cualquier condición inicial las soluciones se aproximan a ella para el tiempo que tiende a infinito.

Es obvio que la determinación de ciclos límites no es tarea fácil a partir de las soluciones de las ecuaciones.

Las soluciones numéricas por otro lado, son siempre aproximadas y así mismo cuando indican ciclo límite dejan cierto margen de incertidumbre.

Algunos teoremas son útiles en estos casos.

Dado que una trayectoria límite es de por si una órbita periódica, en vez de un punto de equilibrio, a este tipo de estabilidad se la denomina estabilidad orbital.

En el caso de centros que presentan también soluciones periódicas pero no son ciclos límites se suelen denominar neutralmente estables.

2.12. Teorema de Poincaré y Bendixson

Frecuentemente la aplicación de condiciones "suficientes" para la existencia de un ciclo límite en una región dada del plano de fase es más importante que la propia determinación del ciclo límite.

Se han desarrollado algunos teoremas para informarnos de la presencia de ciclo límites.

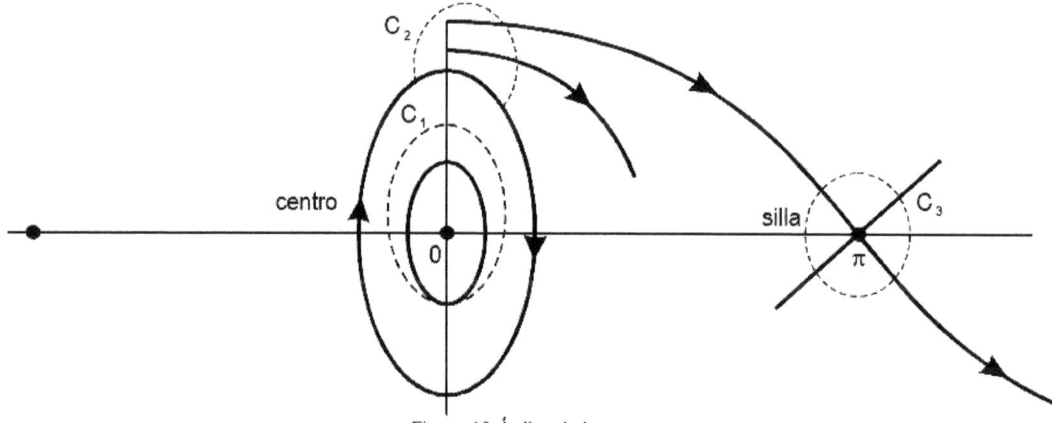

Figura 16. Índice de la curva

Considerando esta figura del plano de fase que corresponde a un péndulo simple ($x''+\operatorname{sen} x = 0$). Tomemos algunas curvas cerradas como la C_1, C_2, C_3 que concatenan regiones del plano de fase y cortan a las trayectorias.

Recorriendo esas curvas en "sentido horario", el número de rotaciones, en el sentido horario, que hace la tangente a las trayectorias cruzadas o cortadas por la curva es denominado ***índice de la curva N***.

Por ejemplo la curva C_1 coincide con una trayectoria y la tangente da un giro en sentido horario luego $N = 1$.

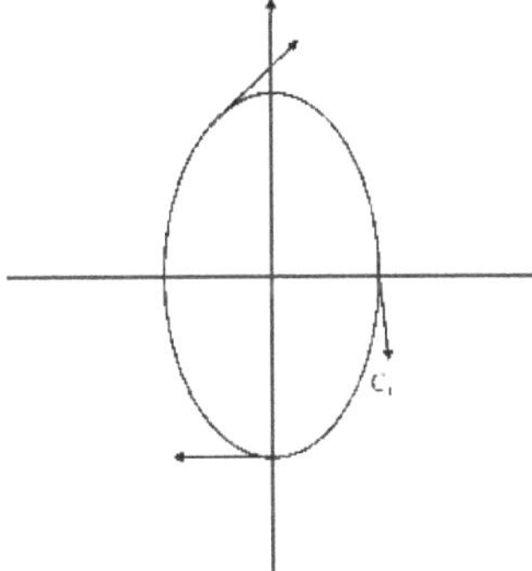

Figura 17. Índice de la curva

En la curva C_3, el índice es $N = -1$

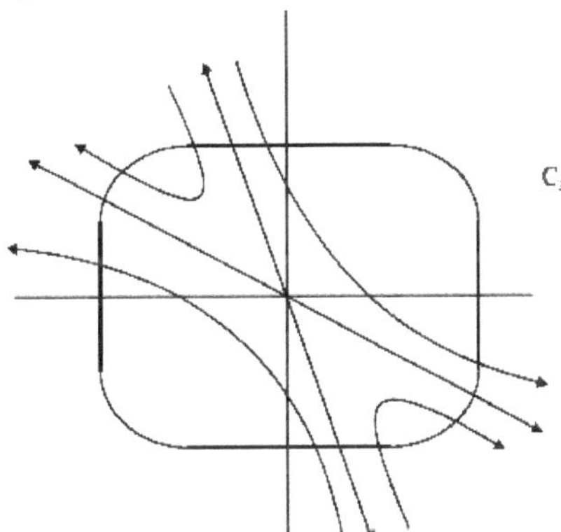

Figura 18. Índice de la curva

En la curva C_2 es el índice $N = 0$

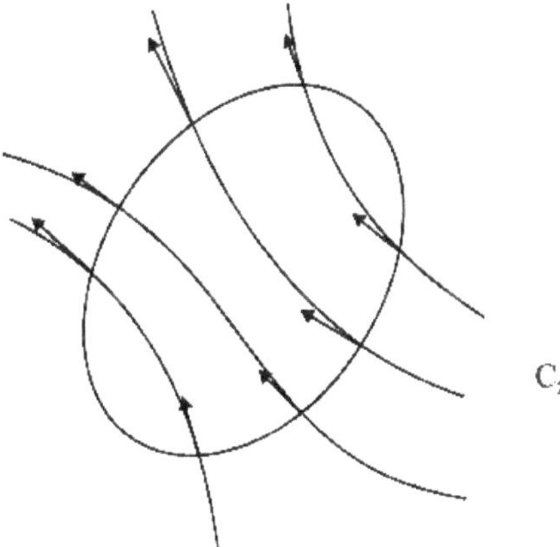

Figura 19. Índice de la curva

Se denomina ***índice de un punto singular*** al índice de cualquier circunferencia que lo tenga por centro.

Analíticamente si

$$x'_1 = f_1(x_1, x_2)$$
$$x'_2 = f_2(x_1, x_2)$$

La ecuación de la tangente a las trayectorias en un punto (x_1, x_2) es

$$\frac{dx_2}{dx_1} = \frac{f_2(x_1, x_2)}{f_1(x_1, x_2)}$$

La integral circular cerrada del ángulo de la tangente a lo largo de una curva cerrada es el índice N de esta curva.

$$N = \frac{1}{2\pi}\int_C d\left[tg^{-1}\frac{f_2(.)}{f_1(.)}\right] = \frac{1}{2\pi}\int_C \left[\frac{f_1 dx_2 - f_2 dx_1}{x_1^2 + x_2^2}\right]$$

Siempre que no existan puntos singulares sobre la curva C.

EJEMPLO 7

Calcular el índice del punto singular del siguiente sistema lineal

$$\dot{z}_1 = a_{11}z_1 + a_{12}z_2$$
$$\dot{z}_2 = a_{21}z_1 + a_{22}z_2$$

El origen es un punto singular. Considerando una circunferencia con centro en el origen de radio r_0

$$z_1 = r_0 \cos\theta$$
$$z_2 = r_0 \operatorname{sen}\theta$$

Aplicando la ecuación se puede calcular

$$N = \frac{a_{11}a_{22} - a_{12}a_{21}}{2\pi}\int_0^{2\pi}\left[\cos^2\theta\left(a_{11}^2 + a_{21}^2\right) + \operatorname{sen}^2\theta(a_{12}^2 + a_{22}^2) + 2\operatorname{sen}\theta\cos\theta(a_{11}a_{22} - a_{12}a_{21})\right]^{-1} d\theta$$

$$N = \frac{a_{11}a_{22} - a_{12}a_{21}}{|a_{11}a_{22} - a_{12}a_{21}|}$$

La ecuación característica del sistema es

$$\det[\lambda I - A] = \lambda^2 + (a_{11} + a_{22})\lambda + a_{11}a_{22} - a_{12}a_{21} = 0$$

Como el numerador de N es el último coeficiente de la ecuación característica, este es igual al producto de las raíces o autovalores

$$N = \frac{\lambda_1 \lambda_2}{|\lambda_1 \lambda_2|}$$

Por lo tanto el índice de un foco o un centro es +1 y para un punto de silla es –1 ***en sistemas lineales donde el origen es punto singular***.

Este resultado está incluido en el enunciado de los siguientes teoremas

Teorema: 1ro de Poincaré

La naturaleza de un punto singular encerrado por una curva cerrada en el plano de fase es indicada por su índice N de la siguiente forma

No hay punto singular	$N = 0$
Un centro, un nudo, un foco	$N = +1$
Un punto silla	$N = -1$

Teorema: 2do de Poincaré

Si la curva cerrada C es una trayectoria, luego si su índice es $N = 1$ se concluye que:

> Siendo el ciclo límite una trayectoria cerrada, ella debe encerrar un centro, un foco o un nudo, no puede encerrar un punto silla.

2.13. Condiciones suficientes para un único ciclo límite (Lienard)

El sistema genérico de segundo orden

$$x'' + f(x)\, x' + g(x) = 0$$

tiene un único ***ciclo límite estable*** si se cumplen las siguientes condiciones

1) $f(x)$ y $g(x)$ son analíticas (Pueden expandirse en series de potencia).
2) $g(x)$ es impar [$g(-x) = -g(x)$ y $g(0) = 0$].
3) $x\, g(x) \geq 0$ [x tiene el mismo signo que $g(x)$].
4) $f(x)$ es par. [$f(-x)=f(x)$ y $f(0) \neq 0$].
5) Definiendo

$$F(x) = \int_0^x f(x)\, dx$$

Si la ecuación $F(x) = 0$ posea, de todas las soluciones posibles o raíces, una única solución positiva: $a > 0$ y además $F(x)$ sea monótona creciente para $x > a$, entonces el sistema posee un ciclo límite.

Caso de la ecuación de Van der Pol

$$x'' - 2\xi(1-x^2)x' + x = 0$$

luego

$$f(x) = -2\xi(1-x^2)$$

$$g(x) = x$$

La función integral:

$$F(x) = \int_0^x -2\xi(1-x^2)dx = -2\,x\xi + 2\,\xi\frac{x^3}{3}$$

Si

$$F(x) = 0 \qquad x = 0 \qquad -2\xi + 2\xi\frac{x^2}{3} = 0$$

$$x^2 = 3 \qquad x = \pm\sqrt{3}$$

posee una única solución $x_0 > 0$ que es $\sqrt{3}$, además

$$\frac{dF(x)}{dx} = -2\xi + 2\xi x^2$$

es una parábola

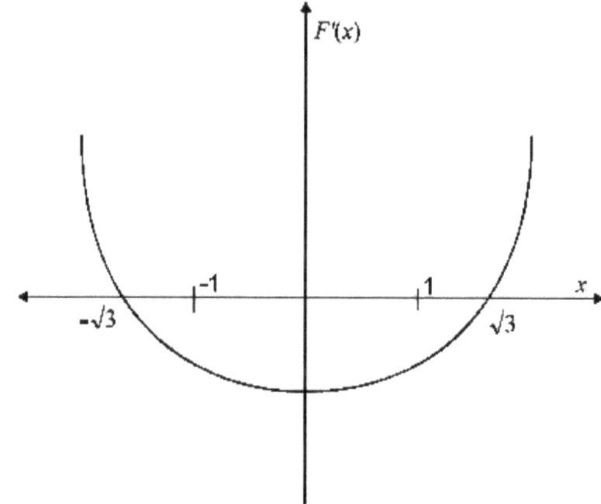

Figura 20. Signo de $F'(x)$

Observamos que $\frac{dF(x)}{dx} > 0$ para $x > \sqrt{3}$ luego $F(x)$ es monótona creciente.

Cumple con las condiciones de Lienard, luego la representación en el plano de fase presenta un único ciclo límite.

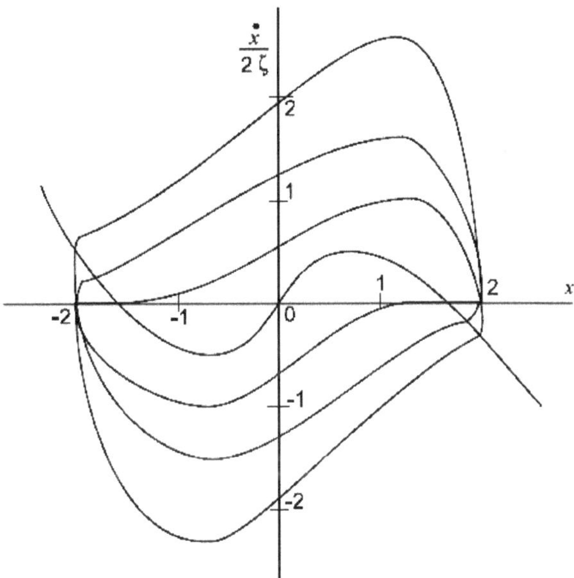

Figura 21. Trayectorias del ejemplo

Teorema: 3ro. de Bendixson

El sistema de 2do. orden

$$\dot{x}_1 = f_1(x_1, x_2)$$

$$\dot{x}_2 = f_2(x_1, x_2)$$

No posee ciclo límite en cualquier región del plano de fase en que la divergencia del vector velocidad "***sea de signo invariable y además no sea idénticamente nula***".

El vector velocidad en este caso es $v = (\dot{x}_1, \dot{x}_2)$ o sea el vector $(f_1, f_2) = v$. Por definición divergencia de este vector es

$$div\ \ v = \frac{\delta f_1}{\delta x_1} + \frac{\delta f_2}{\delta x_2}$$

Sobre cualquier trayectoria y en particular sobre un ciclo límite se tiene la ecuación

$$f_1 dx_2 - f_2 dx_1 = 0$$

Por lo tanto para un eventual ciclo límite es necesario que

$$\oint (f_1 dx_2 - f_2 dx_1) = 0$$

El teorema de la divergencia de Green dice que si R es una región plana limitada por una o más curvas cerradas, si $U(x,y)$ y $V(x,y)$; $\delta U/\delta y$ y $\delta V/\delta x$ son continuas en R y en la frontera de C, entonces

$$\oint_C U dx + V dy = \iint_R \left(\frac{\delta U}{\delta x} - \frac{\delta V}{\delta y} \right) dx dy$$

Para aplicar el Lema de Green de debe definir

$$U = f_1, \quad x = x_2\,, \quad V = -f_2\,, \quad y = x_2$$

y entonces

$$\oint_C (f_1\, dx_2 - f_2 dx_1) = -\iint_R \left(\frac{\delta f_1}{\delta x_1} + \frac{\delta f_2}{\delta x_2} \right) dx_1 dx_2 = 0$$

Si la divergencia del vector velocidad v no fuera idénticamente nula y tuviera signo invariable, la integral doble nunca se puede anular y consecuentemente nunca puede ocurrir la igualdad.

En consecuencia no existe trayectoria cerrada en la región considerada.

EJEMPLO 9

Para la ecuación de Van der Pol

$$x_1 = x$$

$$x' = x_2$$

$$x_2 = 2\xi(1 - x_1^2)x_2 - x_1$$

La divergencia resulta

$$\frac{\delta f_1}{\delta x_1} + \frac{\delta f_2}{\delta x_2} = 2\xi(1 - x_1^2)$$

Si $-1 < x < 1$ la *div* es positiva para cualquier x_1 en la región $-1 < x < 1$ no puede haber ciclo límite.

Teorema: 4to. de Bendixson

Si una trayectoria permanece en el interior de una región finita y no tiende a un punto singular, o ella misma es un ciclo límite o ella tiende a un ciclo límite estable asintóticamente.

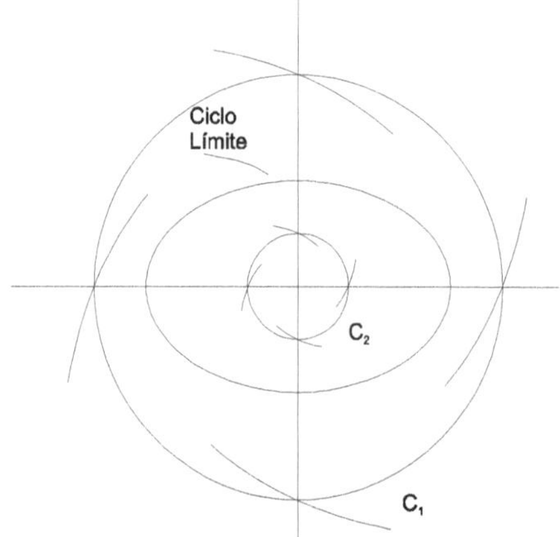

Figura 22. Ciclo límite

Este teorema permite el siguiente razonamiento: Si existe en un plano de fase dos curvas C_1 y C_2, C_2 interna a C_1; si todas las trayectorias encuentran a C_2 saliendo de su región interior y no existen puntos de equilibrio en la región entre C_1 y C_2, entonces existe entre ambas un ciclo límite las trayectorias están encajadas.

EJEMPLO 10. EL MODELO DE ECOSISTEMA DE LOTKA-VOLTERRA.

Además se aplica en otras áreas como la química, en reacciones cinéticas, etc.

Este tipo de modelo es usualmente asociado con una descripción lógica en lo que respecta a varias especies en competición.

En su forma más simple comprende dos especies, una es presa de la otra. Indicando la población (o la biomasa) de la presa y del predador como x_1 y x_2 respectivamente el crecimiento de las especies es logarítmica, cada especie depende solo de la población de la otra tal que

$$\frac{\hat{x}_1}{x_1} = \phi_2(x_2)$$

$$\frac{\hat{x}_2}{x_2} = \phi_1(x_1) \qquad \text{Razones de crecimiento}$$

donde ϕ_1 y ϕ_2 son funciones adecuadamente escogidas.

Algo sorprendente de este espectáculo, es que **es** un sistema conservativo, desde que podemos definir

$$V(x)=\Psi_1(x_1) - \Psi_2(x_2)$$

donde

$$\frac{d\Psi_j}{dx_j} = \frac{\phi_j}{x_j} \qquad \text{para } j=1, 2$$

Se sigue que $\dot{V} = 0$ a lo largo de las trayectorias, que son el contorno de V.

Teniendo en cuenta la relación entre especies es natural tomar ϕ, como un incremento en función de x_1 y ϕ_2 como un decremento a función de x_2 y es usual establecer las ecuaciones lineales, dando las ecuaciones de estado como sigue

$$\dot{x}_1 = (a - bx_2)x_1$$

$$\dot{x}_2 = (cx_1 - d)x_2$$

donde *a, b, c, d* son positivas y constantes.

De la propiedad de sistemas conservativos ahora es

$$V = Cx_1 - d\ln x_1 + bx_2 - a\ln x_2$$

dando el contorno de la trayectoria, y se sigue que

$$\dot{V} = c\dot{x}_1 - d\frac{\dot{x}_1}{x_1} + bx_2 - a\frac{\dot{x}_2}{x_2}$$

$$\dot{x}_1\left(c - \frac{d}{x_1}\right) + \dot{x}_2\left(b - \frac{a}{x_2}\right)$$

La trayectoria será cerrada y en el primer cuadrante ($x_1 > 0$; $x_2 > 0$) y corresponde a una oscilación en el comportamiento de la población.

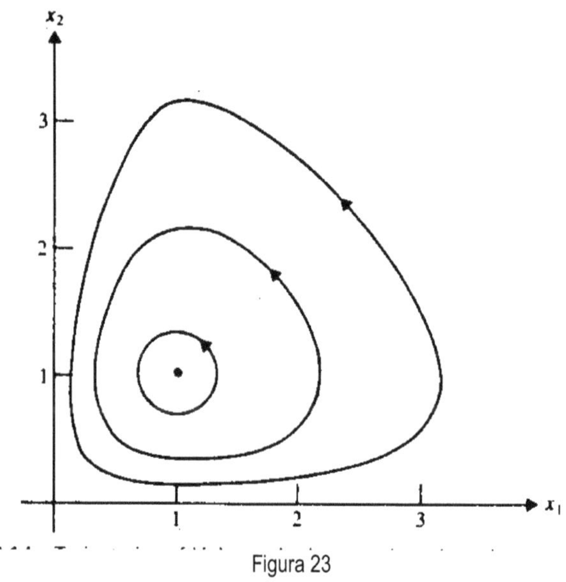

Figura 23

De al ecuación surgen dos puntos singulares, son el origen (0,0) y (d/c, a/b). La linealización alrededor del origen es trivial y muestra un punto de silla.

Para el otro punto singular, la matriz de linealización es

$$A = \begin{bmatrix} 0 & -b\frac{d}{c} \\ a\frac{c}{b} & 0 \end{bmatrix}$$

Que posee autovalores puros imaginarios, indicando que se trata de un centro, como es esperado por lo natural de la oscilación.

Este modelo es muy interesante y permite explorar las posibilidades de modificarlo. Por ejemplo prever que aparte del predador, la población de las presas no puede crecer indefinidamente, existe un efecto de autolimitación en este caso se puede considerar

$$\dot{x}_1 = ax_1 - bx_1x_2 - \mu.x_1^2$$

con $\mu > 0$, donde este término extra representa por ejemplo el hacinamiento o la enfermedad.

Esto tiene un efecto amortiguante de las oscilaciones tal que el punto de equilibrio estable se transforma en un foco en lugar de centro.

Por otra parte, el aumento de alimento no produce instantáneamente un aumento en la población de predadores. En el modelo pueden reemplazarse $x_1(t)$ por $x_1(t\text{-}\tau)$ y ahora aparece un espacio de estado de dimensión infinita, este retardo si es pequeño se puede aproximar razonablemente como $x_1(t\text{-}\tau)$ por $(x_1\text{-}\tau\,\dot{x}_1)$, dando

$$\dot{x}_2 = cx_1x_2 - dx_2 - c\tau x_2\dot{x}_1$$

donde $\dot{x}_1$ es el dado en la otra ecuación de estado.

Esto tiende a desestabilizar el sistema y para cierto valores de los parámetros, el resultado puede ser un punto singular inestable durante largas oscilaciones que son aún amortiguadas, tal que un ciclo límite aparece como muestra la figura

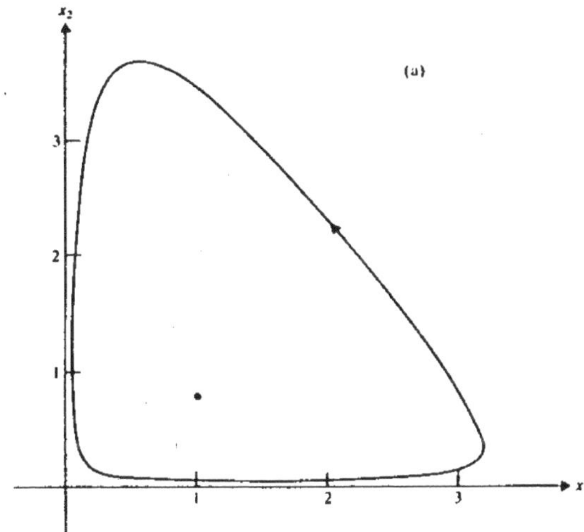

Figura 24

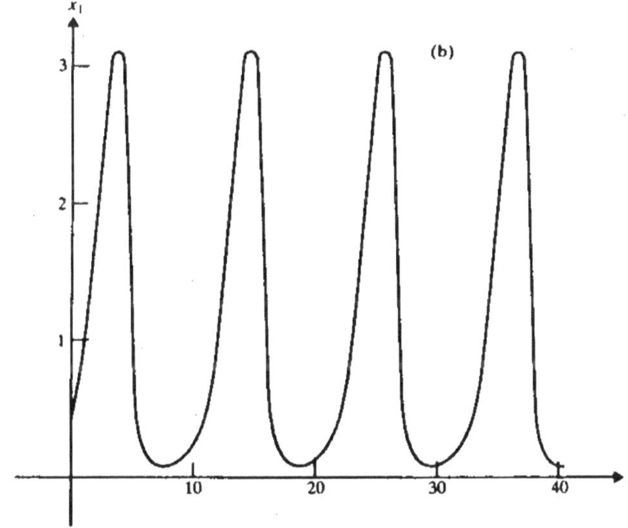

Figura 25

Esto es una máquina simplificada, se trata de la rotación de una masa inercial producida por una fuente de poder mecánico, y está conectada a una red infinita. Toda complicación como fricción, saturación magnética, variación de los campos por interacción, etc. son dejadas de lado.

Como δ se denomina al ángulo del rotor, en relación al campo eléctrico rotante. La ecuación entonces es

$$H\ddot{\delta} = P_m - P_e \operatorname{sen}\delta$$

donde

H es la constante de inercia.

P_m es la potencia mecánica de la fuente.

P_e es la máxima energía eléctrica que puede generar.

En variables de estado

$$x_1 = \delta \qquad x_2 = \dot{\delta}$$

$$\mu = P_m \qquad y = P_e \, sen\, \delta$$

donde las ecuaciones son

$$\dot{x}_1 = x_2$$

$$\dot{x}_2 = \frac{\mu - P_e \operatorname{sen} x_1}{H}$$

$$y = P_e \operatorname{sen} x_1$$

definiendo a $u = P_m$ como un valor fijo $\hat{u} = P_m$ el punto de equilibrio es

$$\hat{x}_2 = 0$$

$$\hat{y} = P_e \operatorname{sen} \hat{x}_1 = P_m = \hat{u}$$

Que posee solución real si $\hat{u} \leq P_e$. Esto significa que el sistema puede operar solo en el equilibrio si la fuente de poder mecánico está vinculada a la máxima potencia eléctrica. Si u es negativo significa que la máquina toma potencia de la línea eléctrica o sea actúa como motor en lugar de generador.

Considerando que el equilibrio puede ser alcanzado, vemos que se presentan dos soluciones distintas dadas por:

$$\hat{x}_1 = \operatorname{arcsen}\left(\frac{\hat{u}}{P_e}\right)$$

$$\hat{x}_1 = \pi - \operatorname{arcsen}\left(\frac{\hat{u}}{P_e}\right)$$

Por supuesto aparecen en infinito número de otras soluciones, obtenidos por sumarles 2π, pero son lo mismo fisicamente que estas dos.

La ecuación linealizada alrededor de uno de los puntos de equilibrio se obtiene del conjunto de ecuaciones standard de linealización.

$$A = \begin{pmatrix} 0 & 1 \\ \frac{-P_e \cos \hat{x}_1}{H} & 0 \end{pmatrix} \qquad B{=}B = \begin{pmatrix} 0 \\ \frac{1}{H} \end{pmatrix}$$

$$C = P_e \cos \hat{x}_1, 0 \qquad D = 0$$

Dando la función de transferencia:

$$\text{G(s)=}G(s) = \frac{P_e \cos \hat{x}_1}{Hs^2 + P_e \cos \hat{x}_1}$$

El comportamiento del sistema depende fuertemente sobre que punto de equilibrio se ha tomado.

El primero brinda un sistema marginalmente estable, con los polos sobre el eje imaginario y es típico del modelo resonante, (***centro***).

El otro tiene ambos polos reales, uno es positivo y el otro es negativo, luego es inestable (***silla***).

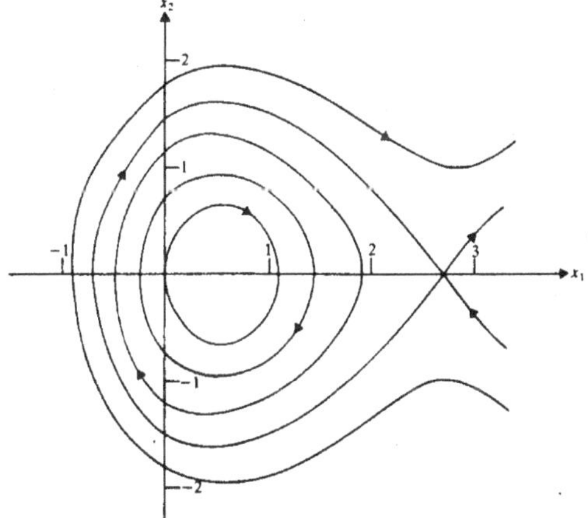

Figura 26. Trayectoria con H = 1; P_m = 1 y P_e =2

Volviendo al sistema no lineal, dejando $u = \hat{u}$, se puede mostrar que el sistema es conservativo, en el sentido que existe una función escalar.

$$V(x) = \frac{1}{2} H x_2^2 - \hat{u} x_1 - P_e \cos x_1$$

Tal que las ecuaciones espacio de estados da $\dot{V}(x)=0$ y también las trayectorias se obtienen por fijar valores constantes a V, es el contorno de $V(x)$ en la figura, se realiza la linealización de las ecuaciones, vemos que el punto singular estable es un centro y el inestable es una silla.

Un interesante caso especial se da si $\hat{u}=0$ cuando las ecuaciones se hacen equivalentes al "péndulo simple" con $V(x)$ como la energía total. En la práctica el sistema no es conservativo por los efectos disipativos que especialmente son las fricciones, el término $K\dot{\delta}$ aparecería en las ecuaciones, dando

$$\dot{V}=-K\dot{\delta}^2=-Kx_2^2$$

resultando que el punto singular altera su posición, el estable se transforma en foco como se muestra en la siguiente figura

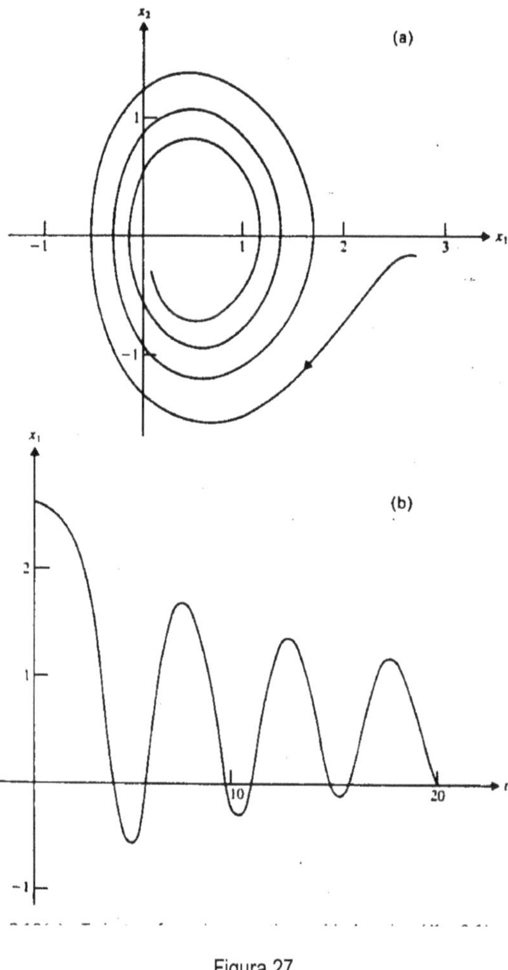

Figura 27

Ejemplo 12. El caso de Lorenz y sus atractores extraños

Este es uno de los ejemplos más estudiados del comportamiento extraño de un sistema modelado por ecuaciones diferenciales y surge como un modelo del clima terrestre. Veamos el origen de esta interesante ecuación.

El movimiento de un fluido (aire) por convección calórica se produce en correspondencia a los siguientes fenómenos:

Si el salto de temperatura es relativamente pequeño entre la base y el extremo superior, la convección es laminar o sea suave, si el salto de temperatura es grande entonces se produce una convección turbulenta con la presencia de torbellinos.

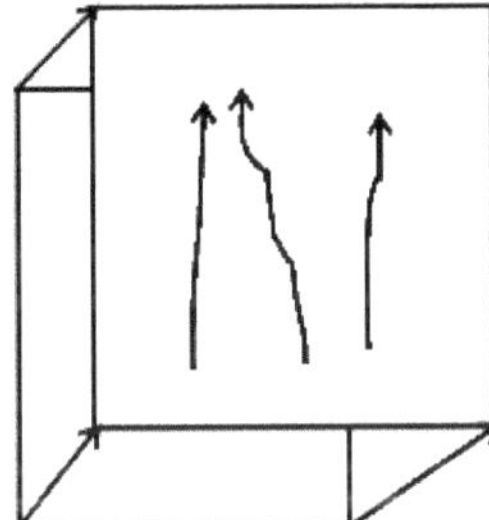

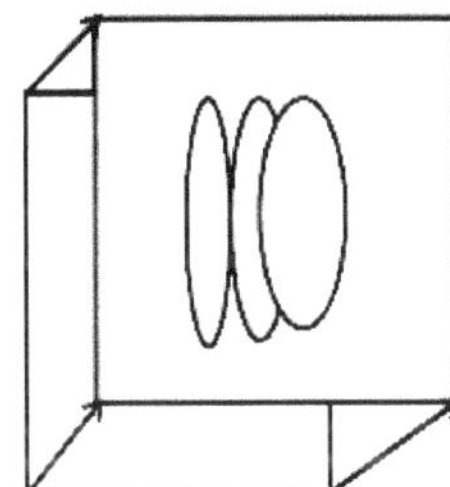

Figura 28

Todos estos fenómenos suceden en la atmósfera.

El aire encerrado en bolsones se calienta por efecto del sol y se producen convecciones de las dos formas expuestas.

Para describir estos comportamientos en movimientos de aire, para una cierta región se determinaran las siguientes constantes

α	coeficiente de expansión térmica
ν	viscosidad cinética
κ	conductibilidad térmica

estos son siempre positivos. Se agrega además la constante de la aceleración de la gravedad g.

El salto de temperatura entre la base y el extremo superior se denomina ΔT, si existen convecciones ascendentes, $\Delta T > 0$

Hace unos años (1916) Lord Rayleigh estudiando la convección determina lo que hoy se conoce como el número de Rayleigh y está dado por

$$R_a = g\alpha H^3(\Delta T)\nu^{-1}\kappa^{-1}$$

donde H es una constante propia de la región donde se produce el movimiento del fluido.

El número crítico

$$R_c = \pi^4 a^{-2}(1+a^2)^3$$

para el cual la convección ocurre si $R_a > R_c$, a es una constante relativa a la región en consideración.

El mínimo posible de R_c es

$$R_{\min,c} = \left(\frac{27}{4}\right)\pi^4$$

y sucede para $a = \left(\frac{1}{2}\right)^{\frac{1}{2}}$

Saltzman en 1962 determina las ecuaciones diferenciales de esta convección. Un año después Edward Lorenz compone sus famosas ecuaciones

$$\begin{aligned} \dot{x}_1 &= \sigma(x_2 - x_1) \\ \dot{x}_2 &= (r - x_3)x_1 - x_2 \\ \dot{x}_3 &= x_1x_2 - bx_3 \end{aligned}$$

que se denomina sistema de Lorenz y presenta un fenómeno caótico.

x_1, x_2 y x_3	no se refieren al espacio geométrico
x_1	proporcional a la intensidad del movimiento de convección.
x_2	es proporcional a la diferencia de temperatura entre los extremos.
x_3	es proporcional a la distorsión de la temperatura vertical (variación del gradiente)

Las constantes son

$\sigma = \frac{\nu}{\kappa}$ de denomina número de Prandtl

$r = \frac{R_a}{R_c} = 1 + \lambda$

$b = \frac{4}{1 - a^2}$ constante relativa a la región espacial.

Para una región dada, b y σ son positivos y en general $\sigma > 0$

r depende de muchas otras constantes, en general se la toma como $1+\lambda$, con $\lambda > 0$, y de la diferencia de temperaturas.

Si bien originalmente estas ecuaciones fueron estudiadas en fenómenos de convección turbulenta en fluidos, actualmente se hace una aplicación moderna convincente en el "***punteado***" en láseres. Para los interesados en el modelo matemático se resume las siguientes ecuaciones:

La ecuación toma la forma

$$b = \frac{4}{1 - a^2}$$

donde σ, λ , b son constantes positivas. En el contexto original, x_1 tiene una componente de Fourier de velocidad de campo del fluido, x_2 y x_3 describen similarmente el gradiente de temperatura, durante la aplicación de láseres x_1 representa el campo eléctrico, x_2 la polarización y $(1 + \lambda - x_3)$ la polarización de inversión.

Los puntos singulares del espacio de estado, definen los puntos de equilibrio

$$(0,0,0);\ (\sqrt{b\lambda},\sqrt{b\lambda},\lambda);(-\sqrt{b\lambda},-\sqrt{b\lambda},\lambda)$$

Linealizando, alrededor del origen determinamos la matriz

$$\begin{bmatrix} -\sigma & \sigma & 0 \\ \lambda+1 & -1 & 0 \\ 0 & 0 & -b \end{bmatrix}$$

donde los autovalores son dados por

$$(s+b)\left[s^2+(\sigma+1)s-\sigma\lambda\right]=0$$

esta ecuación posee raíces reales y una positiva por lo que el equilibrio resulta inestable.

Por la simetría del modelo el otro punto singular tiene las mismas propiedades, necesitamos considerar uno de ellos en detalle.

Eligiendo el único con coordenadas positivas, obtenemos la linealización con la matriz

$$\begin{bmatrix} -\sigma & \sigma & 0 \\ 1 & -1 & -\sqrt{b\lambda} \\ \sqrt{b\lambda} & \sqrt{b\lambda} & -b \end{bmatrix}$$

para el cual los autovalores corresponden a la ecuación

$$s^3+(\sigma+b+1)s^2+b(\sigma+\lambda+1)s+2\sigma b\lambda=0$$

para esta ecuación se tienen todas las raíces en el semiplano izquierdo abierto, el teorema de Routh-Hurwitz de la estabilidad clásica da las condiciones necesarias y suficientes

$$(\sigma+b+1)b(\sigma+\lambda+1)>2\sigma b\lambda$$

puede reescribirse como

$$\lambda(b+1-\sigma)+(\sigma+1)(\sigma+b+1)>0$$

donde estas condiciones son satisfechas por ambos puntos de equilibrio lejos del origen, son asintóticamente estables.

Por otra parte se tiene $\sigma > b+1$

$$\lambda > \frac{(\sigma+1)(\sigma+b+1)}{\sigma-b-1} \qquad \text{entonces el equilibrio es inestable.}$$

Bajo estas circunstancias, el sistema muestras un comportamiento muy complicado, donde una trayectoria típica comenzando cerca de un punto de equilibrio, se forma espiralada y gradualmente de ida por algún tiempo y entonces se mueve hacia el equilibrio "opuesto" alrededor del cual ejecuta un comportamiento similar, y así en más.

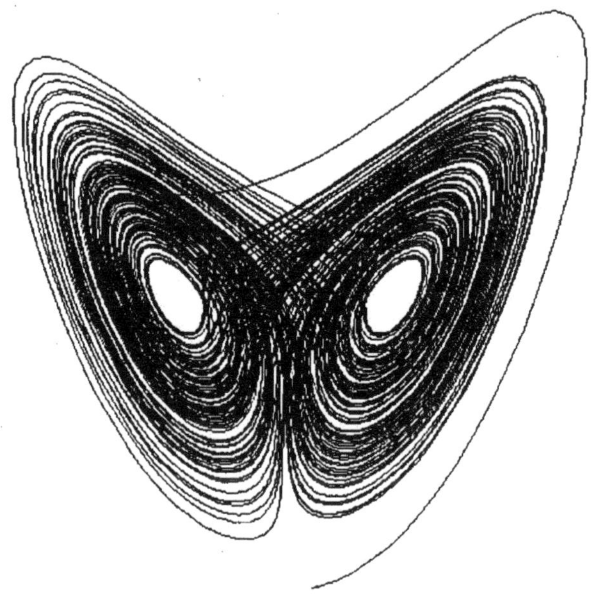

Figura 29. Atractores extraños

Atento al borde irregular consistiendo de secuencias alternativas conteniendo números variables aleatorios de oscilaciones es una característica que presenta un atractor extraño. También en este sistema particular, aparece desde la simulación que ciertos rangos de parámetros, el atractor extraño puede persistir sin equilibrio estable asintótico.

2.14. Atractores extraños y caos

Además de puntos singulares y curvas cerradas que constituyen las formas asintóticas de trayectoria para sistemas autónomos en el plano de fase, ***ésto no es verdad*** en espacios de mayores dimensiones a la dos.

En general se puede definir el conjunto límite positivo de una trayectoria $x(t)$ como el conjunto de todos los puntos q para los cuales dado un $\varepsilon > 0$ cualquiera, entonces existe una sucesión de instantes t_k que cumplan con

$$t_k \to \infty \text{ cuando } k \to \infty \text{ tal que } |q - x(t_k)| < \varepsilon \text{ para todo } k > 0, \text{ entero.}$$

Si la trayectoria es acotada, esto es, que existe μ =cte tal que

$$|x(t)| < \mu \qquad \forall\ t > 0$$

entonces el conjunto límite positivo Ω no es vacío.

Esto está originado en el teorema de Bolzano-Weierstrass del análisis con estados que acotan sucesiones infinitas de puntos, también contiene sub-sucesiones convergentes. De alguna manera, si una trayectoria asintóticamente se aproxima a $\begin{bmatrix} -\sigma & \sigma & 0 \\ 1 & -1 & -\sqrt{b\lambda} \\ \sqrt{b\lambda} & \sqrt{b\lambda} & -b \end{bmatrix}$ se tiene que

$$\inf_{q} \left| q - x(t) \right| \to 0, \quad \text{para} \quad t \to \infty$$

donde el ínfimo es sobre todo que con Ω. Es fácil ver que además Ω es cerrado, acotado y convexo.

Notamos que estos puntos, que el análisis ofrece, no implican nada sobre la estabilidad.

Tal es que en un punto singular inestable o ciclo límite, automáticamente se clasifica como el conjunto límite positivo de una trayectoria particular cuando es estable.

En orden de discutir la estabilidad consideramos necesario el comportamiento próximo a las trayectorias, pudiendo definir un punto de equilibrio como estable y un ciclo límite como "orbitalmente estable" si las trayectorias en una vecindad se aproximan a ellos cuando $t \to \infty$.

El término general usado para un conjunto de puntos con esta propiedad es de un "atractor", siendo las trayectorias atraídas asintoticamente al mismo.

También, el conjunto límite de fases puede ser entendido dentro de este concepto, ambos casos positivos y negativos donde el "conjunto límite negativo" de una trayectoria es definido como el positivo, excepto que $t_k \to -\infty$ en lugar de a: $+\infty$.

Para sistemas de 2do orden, solo se presenta un tipo de conjunto límite, normalmente, que son puntos singulares y ciclos límites. Existe otra posibilidad teórica denominada "curva cerrada" consistente en una o más trayectorias terminadas en puntos singulares pero es muy raro en la práctica.

En un espacio de estado de más de dos dimensiones además, hay una gran variedad de comportamientos posibles. Incluso para sistemas lineales, aparecen nuevas características, tal como soluciones periódicas armónicas en un sistema consistente de dos o más oscilaciones armónicas con frecuencias inconmensurables.

Esto claramente requiere un espacio de estado de más dc cuatro dimensiones y muestra la existencia de conjuntos límites que son intersección de hipersuperficies más de una vez extrañas curvas.

Un fenómeno similar puede aparecer en sistemas no lineales, aun con tres dimensiones como se ejemplifica en el problema del "***flujo Kronecker***" donde el conjunto límite es un toro, con un infinito número de trayectoria aproximándose arbitrariamente cerradas sin ningún punto de intersección entre ellas.

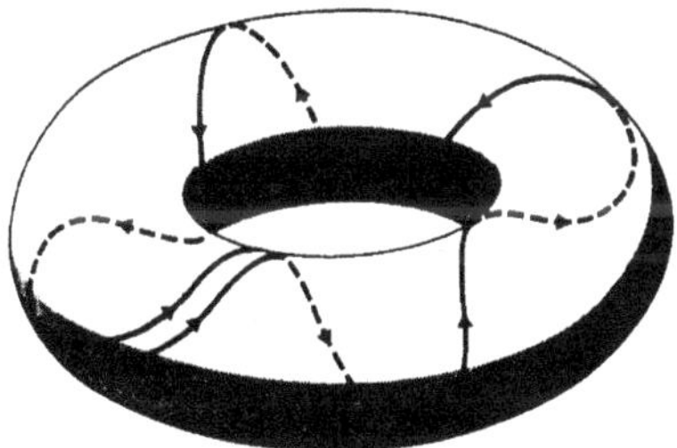

Figura 30

Más complicado aún son los denominados "conjuntos límites extraños", que aparecen en muchos sistemas no lineales de mayor orden que el dos.

Estos conjuntos límites, "pueden o no" ser atraídas asintóticamente en la proximidad de las trayectorias, por ello se las conoce como "atractores extraños", aún así las trayectorias pueden contener divergencias locales, si son atraídos por el conjunto. Tales estructuras son asociadas con comportamientos ***casi aleatorios*** de las soluciones denominadas "caos", aunque esta concepción aún no esta clara. Se pueden presentar varios tipos de comportamientos "caóticos", dependiendo por ejemplo si el correspondiente conjunto límite extraño es un atractor o no.

Muchos conocimientos de estos temas se han obtenido de la simulación, con construcciones precisas de las dificultades sobre la naturaleza de las trayectorias.

Igualmente, uno no puede estar seguro de una simulación de longitud infinita con soluciones no periódicas o de período muy largo, sean o no con períodos, las concluciones más plausibles vienen de analizar los datos y experiencias con sistemas similares.

2.15. Estudio de sistemas de control lineales a trechos

Muchas no linealidades comunes a los sistemas de control a realimentación pueden ser representados por curvas características lineales a tramos.

Es importante el estudio del transitorio, en tales casos puede ser realizado con relativa facilidad en el plano de fase.

Obviamente, se supone que el comportamiento dinámico sea, en cualquier región, representable por dinámica de segundo orden.

El método consiste; en líneas generales, en dividir el plano de fase en varias regiones, una para cada segmento particular de la curva característica de la no linealidad. En cada región, el movimiento es descripto por un sistema lineal.

Las trayectorias son obtenidas reuniendo soluciones en las diversas regiones, haciendo coincidir condiciones iniciales en una región con las condiciones finales de la región anterior.

EJEMPLO 13

Sea el sistema de control con amplificador saturable. Consideremos que sucede al estudio de un transitorio que se produce al aplicar un escalón unitario en el instante de

$t = 0^+$ la entrada $r(t)$.

Sea el error actuante inicial $e(0)=0$ y sea también

$$km = kb = a = b = 1$$

y

$$ke = 5$$

de la Figura 31 se tiene

$$\frac{L_c}{L_m} = \frac{1}{s(s+1)}$$

$$m = \ddot{c} + \dot{c}$$

$$\dot{e} = -\dot{c} \qquad \ddot{e} = -\ddot{c} \qquad \forall \quad t > 0$$

$$e = r - c$$

$$-e - e'' = m(t)$$

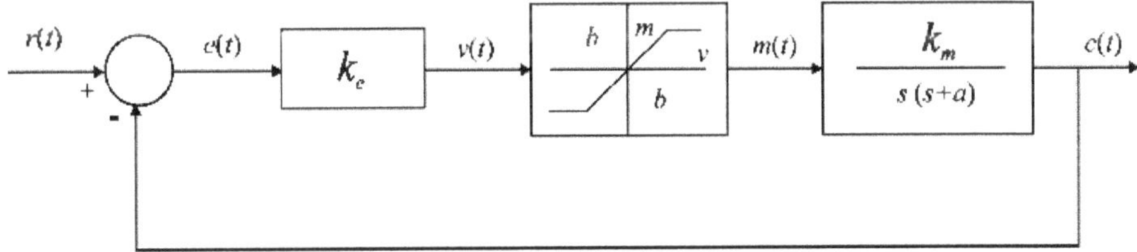

Figura 31. Diagrama en bloques del ejemplo

Considerando que el bloque no lineal puede expresar m en función de e

$m(e)$ = 1 para e > 0,2

$m(e)$ = 5e para -0,2 < e < 0,2

$m(e)$ = -1 para e < -0,2

Definiendo

$$x_1 = e$$

$$x_2 = \dot{e}$$

$$m(e) = u(x_1)$$

Se puede escribir la ecuación de estado

$$\dot{x}_1 = x_2$$

$$\dot{x}_2 = -x_2 - u(x_1)$$

Y la ecuación de las isoclinas es

$$-\frac{x_1 + u(x_1)}{x_2} = k$$

Para el estudio de las trayectorias es necesario dividir el plano en las regiones I; II y III.

Región I:

$$x_1 < -0,2$$

$$-\frac{x_2+1}{x_2} = k$$

ó

$$x_2 = -\frac{1}{k+1}$$

las isoclinas son rectas paralelas al eje O_x.

Región II:

$$-0,2 < x_1 < 0,2$$

$$k = \frac{-x_2 + 5\,x_1}{x_2}$$

ó

$$x_2 = \frac{-5}{k+1} x_1$$

las isoclinas son rectas por el origen.

Región III:

$$x_1 > -0,2$$

$$-\frac{x_2-1}{x_2} = k$$

ó

$$x_2 = \frac{1}{k+1}$$

Las isoclinas son rectas paralelas al eje O_x.

Las condiciones iniciales del transitorio a estudiar definidas encima implican iniciar la trayectoria del plano de fase en el punto

$$(\overline{x}_1, \overline{x}_2) = \left[e(0+), e'(0+)\right] = (1,0)$$

La figura muestra el resultado de la construcción

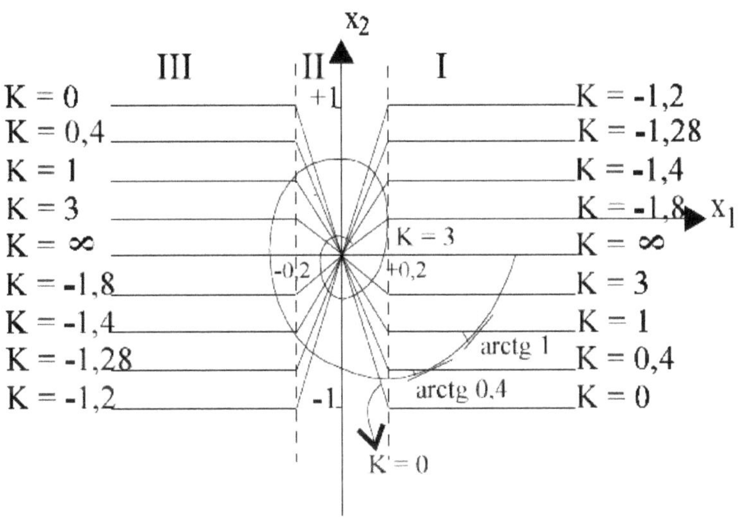

Figura 32. Trayectorias

EJEMPLO 14

Sistema de control a realimentación con amplificador chopeado (a relé "*todo o nada*", on-off, de estallido, bing-bang, etc.)

Estos sistemas son muy empleados en la Ingeniería de Control debido a su simplicidad y buenas características de desempeño.

Consideremos que la parte lineal se representa por

$$c'' = m(t)$$

$$e = r - c$$

$$r(t) = R$$

$$t > 0$$

Definido

$$x_1 = c$$

$$x_2 = c'$$

resulta

$$x'_1 = x_2$$

$$x'_2 = m(t)$$

La descripción analítica de la no linealidad resulta

$$m(t) = M \operatorname{sgn} e = M \operatorname{sgn}(R - c) = M \operatorname{sgn}(r - x_1)$$

Las trayectorias vienen dadas por

$$\frac{dx_2}{dx_1} = \frac{M\,\text{sgn}(R - x_1)}{x_2}$$

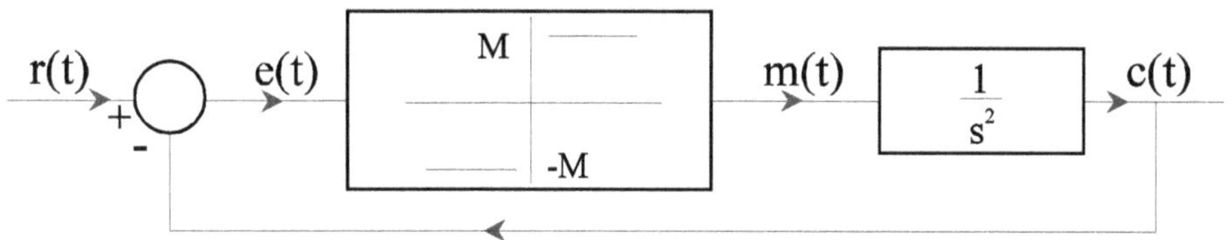

Figura 33. Esquema en bloques del ejemplo 13

Integrando resulta

$$x_2^2 = 2M\left[x_1 - x_1(0)\right] + x_2(0) \qquad \text{para } x_1 < R$$

$$x_2^2 = -2M\left[x_1 - x_1(0)\right] + x_2^2(0) \qquad \text{para } x_1 > R$$

Se concluye que la no linealidad divide al plano de fase en dos regiones

I: $x_1 < R$

II: $x_1 > R$

Las trayectorias son parábolas simétricas en relación al eje *x*, con vértice en

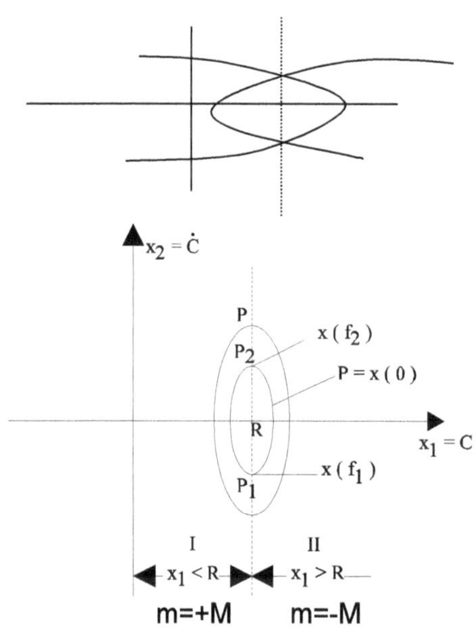

Figuras 34. Trayectorias

$$x_1(0) - \frac{x_2^2(0)}{2M}$$

y

$$x_1(0) + \frac{x_2^2(0)}{2M}$$

Si el punto representativo del sistema está en P_2, el sigue una trayectoria tipo parábola hasta el P_1. En este momento, el error actuante ($e = r$-c) pasa por cero y provoca el chopeado (cambio) de la variable de mando de -M para M. El punto representativo del sistema parte de P_1, entonces recorriendo una parábola de la otra familia; yendo hasta P_2 donde existe otro chopeado, y así en más.

Resultan, para cualquier condición inicial, trayectorias cerradas asociadas a oscilaciones, de amplitud dependiente de las condiciones iniciales, entonces son centros.

EJEMPLO 15

Consideremos un servo con amplificador a relé con zona muerta y carga con fricción viscosa. La ecuación de la parte lineal del sistema son

$$c'' + c' = m(t)$$

$$e = r - c$$

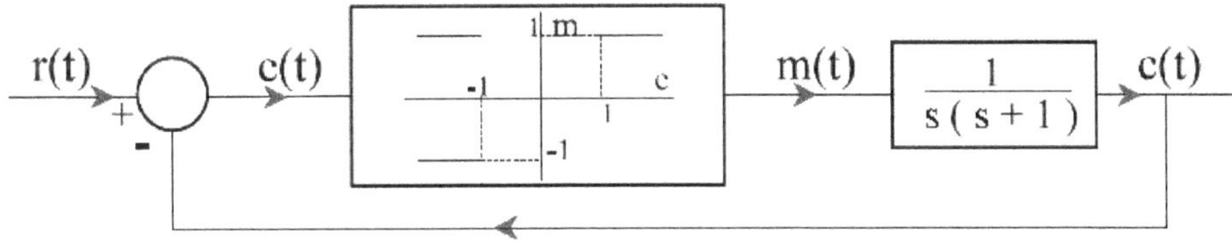

Figura 35 Diagrama en bloques

Sea $r(t) = 0$, $e(0) = e_0 \neq 0$, entonces

$$\ddot{e} + \dot{e} = -m(t)$$

y las ecuaciones para la parte no lineal son

$$m(e) = 1 \text{ para } e > 1$$

$$m(e) = 0 \text{ para } -1 < e < 1$$

$$m(e) = -1 \text{ para } e < -1$$

Introduciendo las nuevas variables de estado

$$x_1' = x_2$$

$$x_2' = -x_2 - m(x_1)$$

La no linealidad fuerza la división del plano entres regiones, donde las isoclinas tienen ecuaciones diferentes

I. $k = -\dfrac{x_2 + 1}{x_2}$ ó $x_2 = \dfrac{-1}{k+1}$ $x_1 > 1$

II. $k = -1$ para $-1 < x_1 < 1$

III. $k = -\dfrac{x_2 - 1}{x_2}$ ó $x_2 = \dfrac{1}{k+1}$ para $x_1 < -1$

Se muestra el aspecto general de las isoclinas. La trayectoria corresponde a una condición inicial que est representada en la misma figura se nota, en general, el sistema termina en reposo en el punto P pero no en el origen, como sería teóricamente deseable.

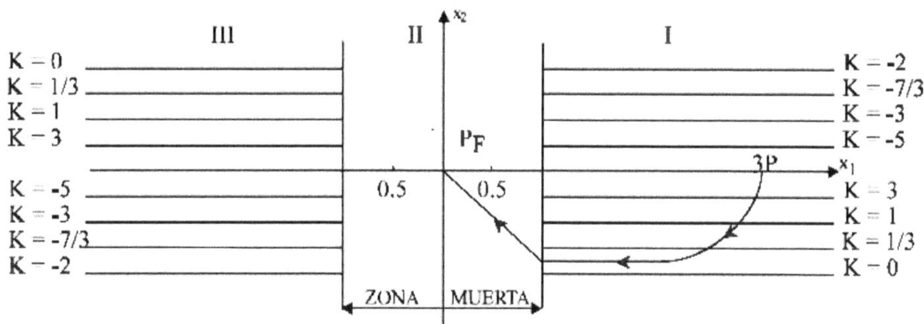

Figura 36. Trayectorias

No hay ciclo límite (C.L.) posible, el error final depende de las condiciones iniciales. Por lo tanto la zona muerta introducida en el amplificador a relé ayuda a reducir las oscilaciones del sistema, deteriorando sin embargo, su desempeño estático.

Considerando que un C.L. por pequeño que sea, lleva en general al desgaste mecánico del sistema, se recomienda el empleo intencional de pequeñas zonas muertas.

Ejemplo 16. Compensación de sistemas chopeados

Consideremos ahora el objetivo de compensar, esto es estabilizar y/o mejorar la respuesta transitoria de los sistemas con realimentación que incluyen relés.

Sea el sistema con relé ideal de la figura, con diagrama de fase como el dibujado

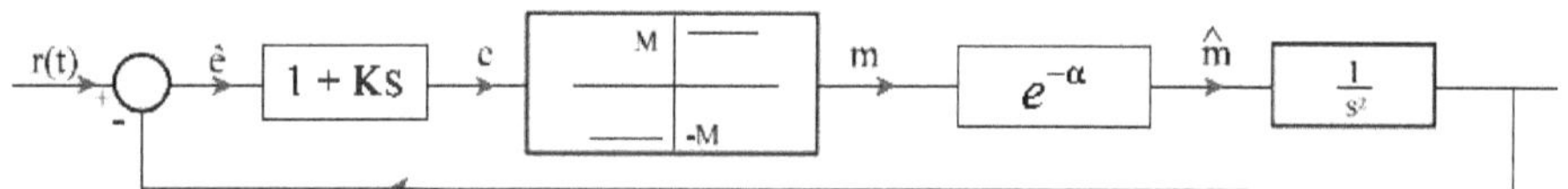

Figura 37. Diagrama en bloques

Introduciendo un bloque de atraso puro de tiempo muerto α, para que la representación sea realista de los relés y un bloque lineal en el pre-amplificador estableciendo un control P+D.

Consideremos inicialmente el efecto del compensador lineal: el relé ahora actuar cuando sgn(x+kx') cambie de signo esto es cuando $x + kx' = 0$, es una recta en el plano de fase que pasa por el origen.

La situación favorece a la resolución o eliminación de las oscilaciones del sistema como se ve en la figura.

Si el coeficiente K es grande, el transitorio sigue un comportamiento muy diferente; es estable porque a partir del punto P, el sistema sigue una parábola hasta una recta, después entra en chopeado de alta frecuencia entorno de la recta y camina hacia el origen.

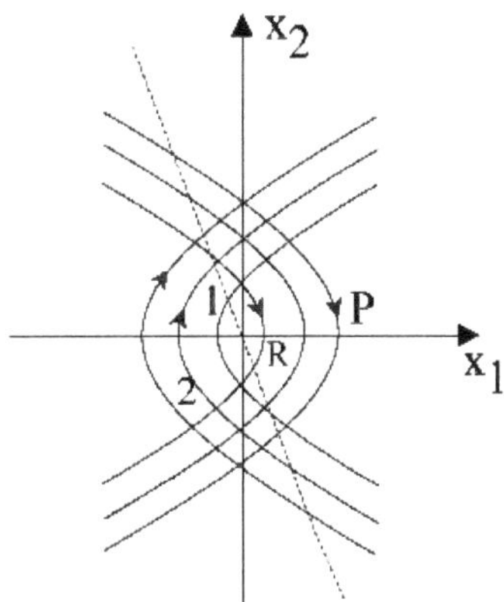

Figura 38. Trayectorias

El inconveniente principal de esta alternativa es que el tiempo total de llegada al origen es mayo que en el caso anterior.

Considere ahora un atraso puro: su efecto es forzosamente retardar el funcionamiento del sistema porque efectivamente cambió la trayectoria provocada por el chopeado que ocurre un tiempo después de su comando por el relé.

Para estudiar cuantitativamente el fenómeno, se debe retornar a las ecuaciones de estado.

Supongamos que $x_2(0) = r = 0$ por simplicidad de cálculo.

$$x_2^2(t) = 2M\left[x_1 - x_1(0)\right] \qquad \text{si } x_1 < 0$$

$$x_2^2(t) = -2M\left[x_1 - x_1(0)\right] \qquad \text{si } x_1 > 0$$

siendo $x_2 = x'$, $x_1 = x$ y suponiendo, por ejemplo $x_1(0) = x_0 > 0$, M=1, resulta de la últimas ecuación

$$(x')^2 = -2(x - x_0)$$

El cálculo del parámetro "tiempo" a lo largo de las trayectorias es el siguiente

$$t = \int_0^t dt = \int_{x_0}^{x} \frac{dx}{x'} = \int_{x_0}^{x} \frac{1}{\sqrt{2}(x_0 - x)} = \sqrt{2}(x_0 - x)$$

$$x = x_0 - \frac{t^2}{2}$$

$$x' = -t$$

Indicando con el índice c los valores de las variables en el instante del primer cambio o chopeado se tiene

$$x_c' + k\,x_c = 0$$

$$x_c = x_0 - t_c$$

$$x_c' = -t_c$$

Por sustitución se obtiene

$$t_c + 2kt_c - 2\,x_0 = 0$$

$$t_c = -k + ek + 2x_0 \qquad\qquad t_c > 0$$

Este instante *tc* es aquel en que los sensores comandan el cambio de posición al relé, entre tanto, como hay demora, el chopeado ocurre en el instante $td = tc + \alpha$

Llevando a la ecuación se tiene

$$x'_d = -t_d = -t_c - \alpha$$

$$x_d = x_0 - \frac{t_d^2}{2} = x_0 - \frac{(t_c + \alpha)^2}{2}$$

Utilizando la expresión de *tc* de las ecuaciones se obtiene después de unos pasajes algebraicos.

$$x'_d = \frac{-x_d}{k - \alpha} - \frac{\alpha\,(2k - \alpha)}{2\,(k - \alpha)}$$

De este resultado se desprende que le punto de chopeado efectivo x_d pertenece a una recta que no pasa por el origen en el plano de fase, y que no es exactamente paralela a la recta de chopeado original.

El resultado está representado en la figura.

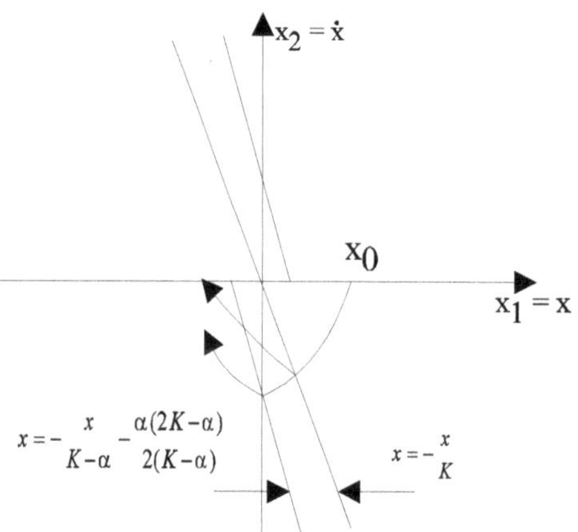

Figura 39. Trayectoria del sistema chopeado

En un proyecto las expresiones algebraicas permiten examinar exactamente el efecto del atraso.

Observación

Los sistemas a relé a todo o nada poseen gran importancia porque sus trayectorias resultan siempre a tramos de máxima aceleración o frenado; eso resulta en mínimos tiempos para corrección iniciales.

En los diagramas del plano de fase, como se sabe, menores tiempos de penduléo están asociadas a trayectorias mas apartadas del eje $0x$.

El sistema de control lineal pueden estabilizarse o mejorarse, incorporando subsistemas no lineales a chopeado.

De esto resultan los sistemas llamados "de estructura variable" que tienen aplicación práctica.

Considerando al sistema

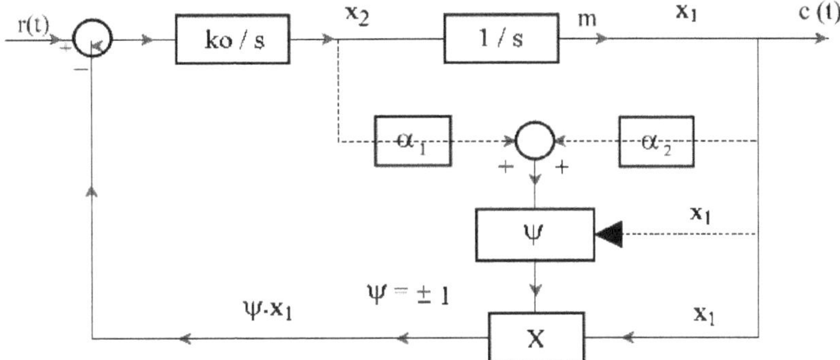

Figura 40. Diagrama en bloques del sistema chopeado

La realimentación $\psi \cdot x_1$ vale $+x_1$ ó $-x_1$ conforme a la región del plano de fase en que el sistema está, según la figura *a*. En cada región del plano de fase asignado, el sistema tiene dinámica lineal.

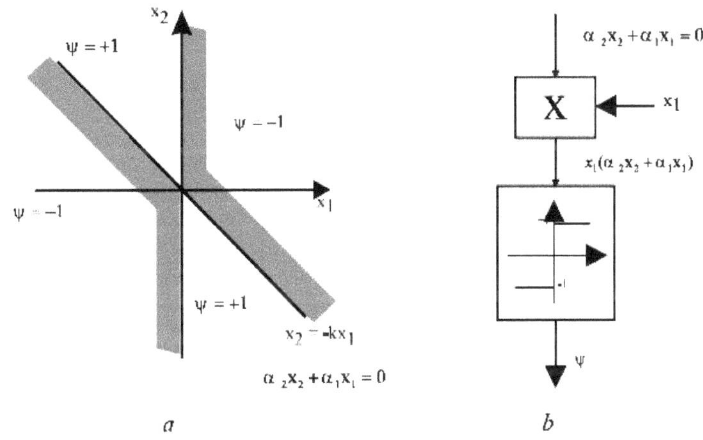

Figuras 41. Región de corte y chopeador

La figura *b* por medio de un mulplicador y de un bloc no lineal tipo relé ideal, se realiza la función ψ.

Sean: $k_0 = 1$ el error actualmente inicial del sistema igual a cero, y un escalón unitario aplicado a la entrada $r(t)$.

En las diferentes regiones en el plano de fase, resultan los siguientes sistemas de Ecuaciones Diferenciales

$$\left.\begin{array}{ll} \dot{x}_1 = x_2 & x_2(0^+) = 0 \\ \dot{x}_1 = -x_2 & x_1(0^+) = 1 \end{array}\right| \qquad \psi = -1$$

$$\left.\begin{array}{ll} \dot{x}_1 = x_2 & x_2(0^+) = 0 \\ \dot{x}_2 = -x_1 & x_1(0^+) = 1 \end{array}\right| \qquad \psi = +1$$

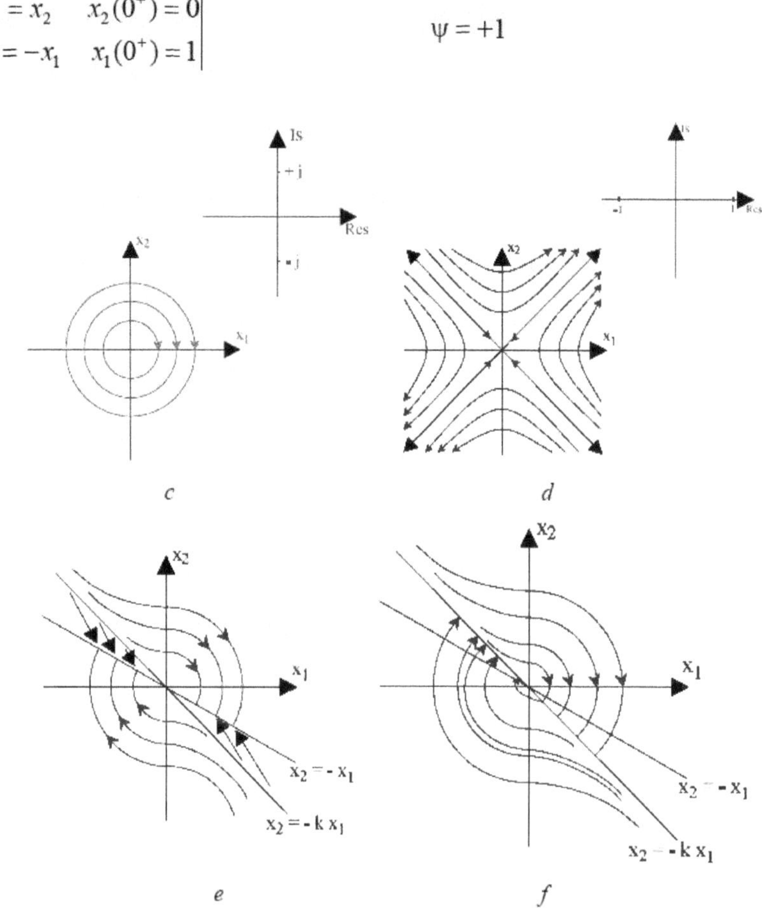

Compensación ideal $0 < k < 1$ Estabilización $k > 1$

Figuras 42. Trayectorias posibles

En la figura *c* se encuentran el aspecto general de las trayectorias del plano de fase, para las ecuaciones el sistema es inestable con los polos en el eje imaginario.

El aspecto general para la trayectoria del sistema se encuentra en la Figura *d* y en este caso, el sistema es inestable con dos polos reales, de ahí es que es un punto de silla en el origen.

Las Figuras *e* y *f* representan dos condiciones en que sorprendentemente la reunión de dos sistemas inestables (*c*) y (*d*) resultan en sistemas estables.

En el caso de la Figura *e*, $0 < k < 1$, $k = \alpha_1/\alpha_2$ el transitorio que busca corregir la entrada del escalón unitario en *r*(*t*) es rápido y totalmente exento de sobreseñal; el punto-sistema, en el plano de fase, recorre siempre trayectorias inestables pero puede permanecer en el origen, evidentemente con alguna vibración de alta frecuencia.

En la figura *f*, $k > 1$ el sistema es inestable con transitorio que contiene sucesivas sobre-señales.

La conveniencia de uno u otro tipo de transitorio depender de la aplicación.

Si el factor de ganancia de k_0 difiere de la unidad el resultado difiere del representado apenas por la forma de la trayectoria, que serán elipses, figura *c* y asimétricas figura *d*.

2.16. Problemas- Plano de Fase

PROBLEMA 1

Dibujar el plano de fase para

$$\dot{x}_1 = x_1 + x_2$$

$$\dot{x}_2 = 2x_1 + x_2$$

PROBLEMA 2

Dibujar el Plano de Fase de

$$\ddot{x} + \dot{x} + |x| = 0$$

PROBLEMA 3

Dibujar el plano de fase de

$$\dot{x}_1 = x_2$$

$$\dot{x}_2 = -k - x_1 + (1 - x_1)^{-3}$$

PROBLEMA 4

Ídem.

$$\ddot{\theta} + \dot{\theta} + \operatorname{sen} \theta = 0$$

PROBLEMA 5

Van der Pol

$$\ddot{x} = \varepsilon(1 - x^2)x + x = 0$$

PROBLEMA 6

Clasificar el punto crítico, o de equilibrio (0,0) y determinar la estabilidad de

a) $$\dot{x} = \begin{bmatrix} 3 & -2 \\ 2 & -2 \end{bmatrix} x$$

b) $$\dot{x} = \begin{bmatrix} 3 & -2 \\ 4 & -1 \end{bmatrix} x$$

c) $\dot{x} = \begin{bmatrix} 2 & -5 \\ 1 & -2 \end{bmatrix} x$

PROBLEMA 7

Determinar el punto crítico y clasificarlo.

a) $\dot{x} = \begin{bmatrix} -1 & -1 \\ 2 & -1 \end{bmatrix} x + \begin{bmatrix} -1 \\ 5 \end{bmatrix}$

b) $\dot{x} = \begin{bmatrix} 0 & -\beta \\ \delta & 0 \end{bmatrix} x + \begin{bmatrix} \alpha \\ -\gamma \end{bmatrix}$ $\qquad \alpha, \beta, \gamma, \delta > 0$

PROBLEMA 8

Sea el sistema

$$\dot{x} = \begin{bmatrix} 0 & 1 \\ -1 & 0 \end{bmatrix} x$$

Clasificar el punto (0, 0).

Considerar ε pequeño verificar el punto crítico de

$$\dot{x} = \begin{bmatrix} \varepsilon & 1 \\ -1 & \varepsilon \end{bmatrix} y$$

para $\varepsilon > 0$ y para $\varepsilon < 0$

PROBLEMA 9

En la ecuación

$$\ddot{x} + 2a\dot{x} + x = 0$$

mostrar que

Si $a^2 \geq 1$ el origen es un nodo. Estable si $a > 0$ e inestable si $a < 0$.

Si $a^2 \geq 1$ el origen es un foco. Estable si $a > 0$ e inestable si $a < 0$

PROBLEMA 10

Sea el sistema caracterizado por la ecuación

$$\ddot{x} + 2\xi\omega_0\dot{x} + \omega_0 x + \varepsilon x^3 = 0$$

Si $\varepsilon < 0$ se tiene

para $\xi > 1$ en modo estable

para $0 < \xi < 1$ en foco estable

para $\xi = 0$ en centro

Si $\varepsilon < 0$ ocurrirán dos puntos singulares en

$$x = \sqrt{-\frac{\omega_0^2}{\xi}} \qquad \dot{x} = 0$$

y en

$$x = -\sqrt{-\frac{\omega_0^2}{\xi}} \qquad \dot{x} = 0$$

PROBLEMA 11

Examinar y clasificar la singularidad del sistema

$$\ddot{x} + 2ax + \operatorname{sen} x = 0$$

PROBLEMA 12

Mostrar que el sistema

$$\dot{x} = y + x(x^2 + y^2 - 1)$$

$$\dot{y} = -x + y\ (x^2 + y^2 - 1)$$

posee un ciclo límite inestable.

PROBLEMA 13

Aplicando Poincare-Bendixon mostrar que existe en ciclo límite estable para

$$\ddot{y} - \left(0.1 - \frac{10}{3}\dot{y}^2\right)\dot{y} + y + y^2 = 0$$

PROBLEMA 14

Escriba la ecuación de Van der Pol en la forma

$$\ddot{x} - 2\xi\omega_0\left(1 - \beta x^2\right)\dot{x} + \omega_0^2 x = 0$$

con $\xi, \omega_0, \beta > 0$

a. Verifique por las condición de Lienard que el sistema tiene un ciclo limite.

b. Verifique lo mismo por medio del Teorema de Bendixon.

PROBLEMA 15

Obtener la trayectoria que representa al respuesta del sistema sometido a $r(t)$.

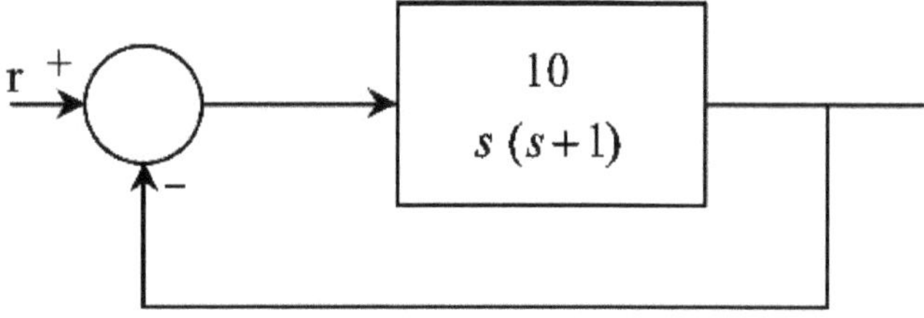

$$r(t) = R_1\mu(t) + R_2\mu(t-\tau) + R_3\mu(t-2\tau)$$

PROBLEMA 16

Trazar el plano de fase *e-e'* cuando $k = 0$ y $k = 1$. Se supone que $r(e) = 0$ para $t > 0$ y que el sistema esta sometido solo a la condición inicial.

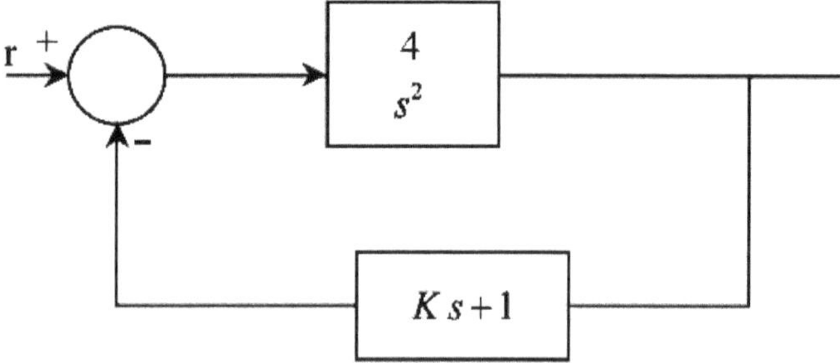

PROBLEMA 17

Trazar el plano de fase del sistema cuando $\Delta = 0$ y $\Delta = 0.1$. Considerar *r(t)=u(t)*

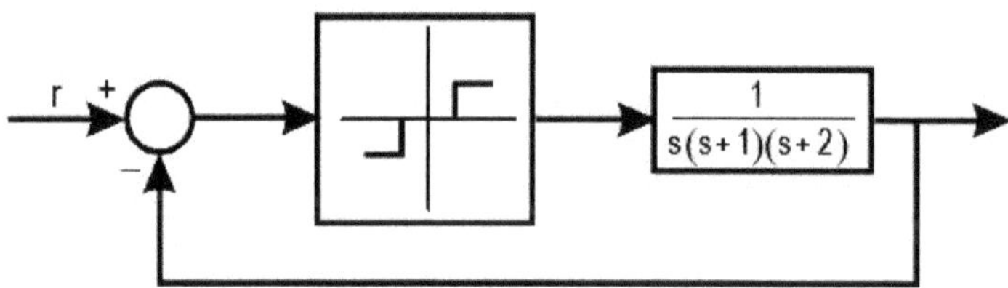

PROBLEMA 18

Sea el sistema

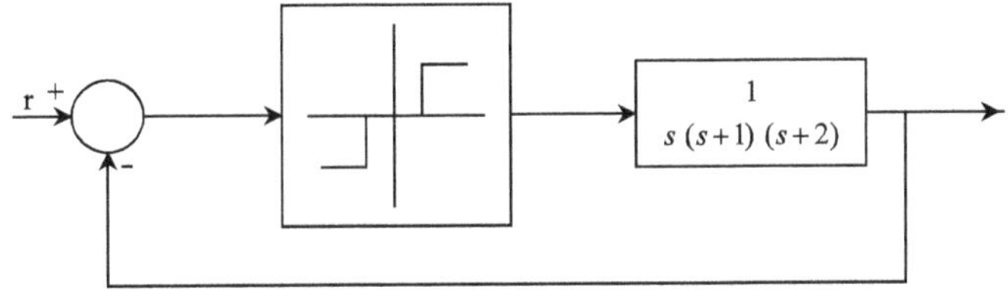

Se pide: trazar las trayectorias por el método de las isoclinas.

PROBLEMA 19

Trazar las trayectorias por el método de las isoclinas de

$$\ddot{x} + x\dot{x} + x = 0$$

a partir de

$$\dot{x} = 3$$

$$x = 0$$

Sistemas No Lineales. Estudio General

PROBLEMA 20

Con amortiguamiento viscoso incluido, la maquina sincrónica puede modelarse como

$$H\ddot{\delta} + K\dot{\delta} = P_m - P_e \operatorname{sen} \delta$$

donde

- δ es el ángulo del rotor.
- H es la constante de momento de inercia.
- P_m es la potencia aplicada
- P_e es la potencia eléctrica que puede generar.

Linealice la ecuación de estado alrededor del valor fijo de P_m, para ambos puntos estables e inestable de equilibrio, determine la función de transferencia

$$\frac{\Delta Pm}{\Delta \delta}$$

en cada caso.

Problema 21

Para el oscilador de Van der Pol, construya una región en el plano de fase, y por aplicación del teorema de Poincare-Bendixson pruebe la existencia de un C.L.

Problema 22

Modificando las ecuaciones de Lotka-Volterra con $a = b = c = d = 1$ se obtiene

$$\dot{x}_1 = x_1 - x_1 x_2 - \mu x_1^2$$

$$\dot{x}_2 = x_1 x_2 - x_2 - \tau\, x_2 x_1$$

Calcule los puntos de equilibrio, linealize alrededor de uno con valores no nulos de ambas variables de estado y muestre esta estabilidad o inestabilidad como depende de μ y τ. Discuta la posibilidad de aparición de un C. L.

Problema 23

Resuelva el sistema de ecuaciones

$$\dot{x}_1 = 4x_2 - x_1 x_3$$

$$\dot{x}_2 = -4x_1 - x_2 x_3$$

$$\dot{x}_3 = Ln\sqrt{x_1^2 + x_2^2}$$

y muestre que las trayectorias se encuentran sobre una superficie toroidal. Considere ahora el resultado dependiente de el parámetro μ.

3

Teoría General de Estabilidad. Liapunov[1]

Para sistemas no lineales es necesario extender el concepto de estabilidad utilizado en los sistemas lineales. Muchas veces se desea determinar la estabilidad sin disponer de los autovalores o sin calcularlos.

Liapunov propone para el estudio del comportamiento estable sus métodos: el primero es justamente el estudio a través de los autovalores y el segundo método o directo requiere la determinación de una función escalar $V(x_1,x_2,...x_n)$ de las variables de estado, llamada *función Liapunov.*

La condición es que una función escalar del estado $V(x)$ debe tender a un punto de equilibrio a lo largo del tiempo y está íntimamente vinculada a la energía puesta en juego por el sistema.

Para un SLIT, determinar V no es muy complicado, es difícil en algunos casos de sistemas no lineales y variables en el tiempo, a pesar de ello el procedimiento Liapunov es muy útil en la optimización y para "conocer" el comportamiento del sistema.

3.1. Formas Cuadráticas

Como las técnicas usadas para determinar la estabilidad de sistemas así como para optimizarlos se utilizan funciones escalares de forma cuadrática, veremos algunos fundamentos de álgebra matricial que se refieran a las formas cuadráticas

3.1.1. Matriz Conjugada

Una matriz conjugada B de otra A es aquella que posee elementos con la misma componente real y con componentes imaginarias de signo opuesto.

Si

$$A = \left[a_{ij}\right] = \left[\alpha_{ij} + j\ \beta_{ij}\right]$$
$$B = \left[\alpha_{ij} - j\ \beta_{ij}\right] = A^*$$

1. Liapunov M. A. (Lyapunov para el idioma inglés) nace en el año 1893 en Rusia, los trabajos los publica en Francia 1907 y también en Inglaterra 1949. El método lo llamó directo porque discute la estabilidad sin obtener las formas explícitas de las trayectorias, o sea, aplicando directamente las ecuaciones diferenciales.

3.1.2. Producto Escalar

El producto escalar de vectores x e y es un escalar definido por

$$\langle x,y\rangle = (x^*)^T y = y^T x^* = x_1^* y_1 + x_2^* y_2 + \ldots + x_n^* y_n$$

$$\langle x,y\rangle = \sum_{i=1}^{n} x_i^* y_i$$

Si x e y son vectores reales se convierte en

$$\langle x,y\rangle = \sum_{i=1}^{n} x_i y_i$$

Debemos notar que si x e y son complejos, entonces

$$\langle x,y\rangle \neq x^T y^*$$

Sin embargo, cuando x e y son reales

$$\langle x,y\rangle = x^T y = y^T x = \langle y,x\rangle$$

3.1.3. Forma Bilineal

Una expresión escalar homogénea que contiene el producto de los elementos de los vectores x e y se denomina bilineal de las variables x e y. Cuando ambas variables son del orden n la forma más general bilineal de x e y es

$$\begin{aligned} f(xy) = {} & a_{11}x_1y_1 + a_{12}x_1y_2 + \cdots + a_{1n}x_1y_n + a_{21}x_2y_1 + a_{22}x_2y_2 + \cdots + a_{2n}x_2y_n + \\ & + \cdots + a_{n1}x_ny_1 + a_{n2}x_ny_2 + \cdots + a_{nn}x_ny_n + \end{aligned}$$

En una escritura más compacta sería

$$f(xy) = \sum_{i=1}^{n}\sum_{j=1}^{n} a_{ij}x_iy_j = [x_1x_2\ldots x_n]\begin{bmatrix} a_{11} & a_{12} & \cdots & a_{1n} \\ a_{21} & a_{22} & \cdots & a_{2n} \\ \vdots & & & \\ a_{n1} & \ldots & \ldots & a_{nn} \end{bmatrix}\begin{bmatrix} y_1 \\ y_2 \\ \vdots \\ y_n \end{bmatrix}$$

$$f(xy) = x^T A y = \langle x, Ay\rangle$$

A la matriz A se la denomina matriz de coeficientes de la forma bilineal y el rango de A se conoce como rango de la forma bilineal. Una forma bilineal se llama simétrica si la matriz A es también simétrica.

3.1.4. Forma Cuadrática

Una forma cuadrática V es un polinomio real homogéneo de las variables $x_1, x_2, \ldots x_n$ y de la forma

$$V = \sum_{i=1}^{n} \sum_{j=1}^{n} a_{ij} x_i x_j$$

en las que todas las a_{ij} son reales.

En el caso especial que $x = y$ la forma cuadrática puede expresarse

$$V(x) = x^T A x = \langle x, Ax \rangle$$

En el desarrollo los términos con productos cruzados $i \neq j$ tienen todos la forma

$$(a_{ij} + a_{ji}) x_i x_j$$

Eligiendo $a_{ij} = a_{ji}$ se logra que la matriz A sea simétrica, por ejemplo:

$$V(x) = x_1^2 - 4\,x_2^2 + 5\,x_3^2 + 6\,x_1\,x_2 - 20\,x_2\,x_3$$

Poniendo

$$V(x) = x_1^2 - 4x_2^2 + 5x_3^2 + 3x_1x_2 + 3x_2x_1 - 10x_2x_3 - 10x_3x_2$$

$$V(x) = x^T \begin{bmatrix} 1 & 3 & 0 \\ 3 & -4 & -10 \\ 0 & -10 & 5 \end{bmatrix} x$$

Si A es nxn y el rango de A es $r < n$ la forma cuadrática es singular. Si el rango de $A = n$ la forma es no singular.

Una matriz no simétrica puede convertirse en otra matriz equivalente simétrica sustituyendo todos los juegos de elementos a_{ij} y a_{ji} por el valor de $\dfrac{(a_{ij} + a_{ji})}{2}$

Manteniendo la misma forma cuadrática

EJEMPLO 1

$$A = \begin{bmatrix} 1 & -1 & 2 \\ 5 & 3 & 7 \\ 0 & 1 & 2 \end{bmatrix} \qquad A_{sim} = \begin{bmatrix} 1 & 2 & 1 \\ 2 & 3 & 4 \\ 1 & 4 & 2 \end{bmatrix}$$

3.1.5. Transformación Congruente

Es a menudo deseable presentar una transformación mediante la cual la ecuación $V(x) = x^T Ax$ puede transformarse a la forma $V = z^T Bz$. Por ejemplo de forma tal que B sólo contenga elementos diagonales si existe $B = P^T AP$ con la transformación $x = Pz$.

$$V = x^T Ax = z^T (P^T AP)z = z^T Bz$$

P es la matriz modal y B la diagonal.

3.1.6. Formas Canónica

Por medio de una transformación congruente puede obtenerse la matriz canónica C partiendo de la A de orden n y rango r de manera que sólo aparezcan +1, -1 en la diagonal principal:

$$C = P^T AP = \begin{bmatrix} Ip & 0 & 0 \\ 0 & -Ir-p & 0 \\ 0 & 0 & 0 \end{bmatrix}$$

El entero p se denomina índice de la matriz, el entero $s = p - (r - p)$ es la signatura de la matriz.

Las matrices congruentes son del mismo orden y tienen el mismo rango e índice o el mismo rango y signatura.

Para obtener la forma modal, P, se pueden utilizar las operaciones elementales de línea o columna o determinar los autovectores de A.

3.1.7. Longitud de un Vector.

La longitud de un vector x se llama norma euclidiana (módulo) y se escribe $\|x\|$, definida como la raíz cuadrada del producto escalar $< x, x >$.

$$\|x\| = \sqrt{\langle xx \rangle} = \sqrt{x_1^2 + x_2^2 + \ldots + x_n^2}$$

La normalización de manera que la longitud sea unitaria o versor es $\hat{x} = \dfrac{x}{\|x\|}$

3.1.8. Menores Principales

Se obtiene un menor principal de una matriz *A,* cuadrada, eliminando una o varias filas y columnas de igual subíndice.

Los elementos diagonales de un menor principal de A son por ello también, elementos diagonales de A. $|A|$ se clasifica como menor principal de A sin tener filas ni columnas suprimidas.

El número de menores principales de una matriz A de nxn es

si	n=1	menor principal	1
	n=2	menor principal	3
	n=3	menor principal	7
	:		

Con Δ_1 se quiere significar que se eliminan todos filas y columnas menos a fila 1 columna 1; Δ_{12} se eliminan todas las filas menos las filas 1 y 2 y las columnas 1 y 2.

3.1.9. Menores Principales Guías

Hay n menores principales guía, formados por todas las distribuciones cuadradas dentro de A que contengan a_{ii} (diagonal, a_{11} debe estar siempre). Los menores principales guías están dados por:

$$\Delta_1 = |a_{11}| \; ; \quad \Delta_{12} = \begin{vmatrix} a_{11} & a_{12} \\ a_{21} & a_{22} \end{vmatrix} \ldots \quad \Delta_{1.2\cdots n} = |A|$$

Los subíndices de Δ son filas y columnas empleadas para formar el menor.

3.1.10. Definibilidad y Semidefinibilidad

La definibilidad del signo de una función escalar de un vector tal como de $V(x)$ se define para la región esférica S en el entorno del origen para los valores descriptos de $\|x\| \leq K$ (constante igual al radio de la esfera).

La función $V(x)$ y todas las

$$\frac{\delta V(x)}{\delta xi} \qquad \text{para } i = 1,\ 2,\cdots n$$

deben ser continuas dentro de S (esfera del radio K).

Si $V(x) = < x^T Ax >$ con A matriz simétrica, entonces

La definibilidad de una forma cuadrática se determina analizando la matriz A simétrica. Si A está dada por una forma no simétrica, antes debe convertirse en una matriz simétrica.

3.1.11. Función o Matriz Definida Positiva

Una función escalar, tal como la forma cuadrática $V(x) = < x^T Ax >$ se denomina definida positiva cuando $V(x) = 0$ para $x = 0$ y $V(x) > 0$ para todos los demás valores $\|x\| \leq K$.

La condición de ser definidamente positiva requiere que $|A| \neq 0$ así el rango $r = n$. Cuando una forma cuadrática real $V(x) = x^T Ax$ es definidamente positiva entonces la matriz A se llama también definida positiva.

La matriz A tiene la propiedad de que es definidamente positiva si sólo si, existe una matriz no singular H tal que $A = H^T H$.

La matriz A puede reducirse a una forma diagonal o canónica por medio de una transformación congruente. Para que A sea definidamente positiva, "todos los valores característicos (autovalores de A) deben ser positivos".

Otro método a determinar la definibilidad positiva es el calcular todos los menores principales guía, de la matriz A_{sim}. Si todos los menores principales guía son positivos la forma cuadrática real es definidamente positiva (Teorema de Sylvester). (Todos los menores principales serán también positivos).

3.1.12. Semidefinidamente Positiva

La forma cuadrática se llama semidefinida positiva cuando $V(x) = 0$ para $x = 0$ y $V(x) \geq 0$ para todo valor $\|x\| \leq K$.

Se permite que $V(x)$ sea nula en puntos distintos del origen de la esfera S. En el caso que $|A| = 0$ el rango $r < n$ y el rango es igual al índice es decir $r = p < n$.

Cuando $V(x)$ es semidefinida positiva, entonces la matriz A es semidefinida positiva y lo es si todos los autovalores son ≥ 0, o si sus menores principales guías son no negativos y todos los menores principales no negativos.

3.1.13. Definida y Semidefinidamente Negativa

La definición resulta directamente de las definiciones anteriores cuando se aplican a $-A$. Si la matriz A no satisface las condiciones para ser definida o semidefinidamente positiva se aplican a $-A$.

También si $(-1)^n \Delta_{ij}$ de orden n es positiva o nula.

3.1.14. Indefinida

Una función escalar $V(x)$ es indefinida si toma valores positivos y negativos dentro de S descripta por $\|x\| < K$. Esto significa que algunos autovalores son positivos y otros negativos.

EJEMPLO 2

$$A = \begin{bmatrix} 1 & 1 & 1 \\ 1 & 1 & 1 \\ 1 & 1 & 0 \end{bmatrix}$$

Se evalúan los menores principales guía

$$\Delta_1 = 1 \qquad \Delta_{12} = \begin{vmatrix} 1 & 1 \\ 1 & 1 \end{vmatrix} = 0 \quad \Delta_{123} = \Delta = 0$$

No es definidamente positiva, se evalúan los restantes menores principales para ver si es semidefinida positiva.

$$\Delta_{13} = \begin{vmatrix} 1 & 1 \\ 1 & 0 \end{vmatrix} = -1 \quad \Delta_{23} \begin{vmatrix} 1 & 1 \\ 1 & 0 \end{vmatrix} = -1 \quad \Delta_2 = 1 \quad \Delta_3 = 0$$

Luego la matriz A no es semidefinidamente positiva.

3.2. Estabilidad

La palabra estabilidad tiene su origen en la mecánica en el estudio del equilibrio de un cuerpo. Una posición de equilibrio en un cuerpo rígido es estable si el cuerpo retorna a la posición original después de haber sido dislocado. De darse lo contrario es inestable.

Considere ahora un sistema dinámico de cualquier naturaleza física, descripto por un sistema de n ecuaciones diferenciales ordinarias de primer orden.

Las variables son x_i para $i = 1, 2, \cdots, n$.

En cada instante el sistema dinámico está asociado a un punto en el espacio euclidiano de coordenadas x_i para $i = 1, 2, \cdots, n$, o sea en el espacio de "estado" del sistema. Este punto, representativo del sistema, el punto-sistema, puede moverse o no al transcurrir del tiempo.

Puede dislocares de una posición y retornar o no a ella; por lo tanto es natural que se apliquen en relación a él los conceptos de equilibrio y de estabilidad de la mecánica. Los criterios vistos en esta teoría general tratan de compatibilizar los criterios de estabilidad de sistemas lineales.

Veremos la interpretación del método directo de Liapunov (o segundo método) y diversos Teoremas, para la ocurrencia de ciertos tipos de estabilidad. La teoría presentada se refiere a la estabilidad del sistema en punto/s dentro de entornos arbitrariamente pequeños de esos mismos puntos, es necesario abordar la "estabilidad práctica". Finalmente, después de una aplicación a los sistemas lineales se presenta el ***principio de la estabilidad en primera aproximación***.

En el método de Liapunov, los sistemas dinámicos son representados por ecuaciones de estado de la forma

$$\dot{x}_1 = f_1(x_1\ x_2\ \cdots\ x_n,\ t)$$

$$\dot{x}_2 = f_2(x_1\ x_2\ \cdots\ x_n,\ t)$$

Para la notación usamos la forma vectorial

$$\dot{x} = f(x, t)$$

con

$$x = (x_1, x_2, \cdots, x_n)$$

$$f^T = (f_1, f_2, \cdots, f_n)$$

La presencia de t variable escalar, representa el tiempo en esas ecuaciones y significa que los parámetros del sistema o la estructura del mismo varían con el tiempo, tales sistemas se denominan no autónomos.

La mayor parte de los resultados teóricos del método es más fácil deducirlos sobre sistemas autónomos, que son los sistemas de la forma

$$\dot{x} = f(t)$$

3.2.1. Definición 1.

Se dice que el estado de equilibrio, origen del sistema $\dot{x} = f(t)$, es estable si, dado $\varepsilon > 0$, existe $\delta(\varepsilon) > 0$ tal que cualquier condición inicial $x(t_0)$, que $\|x(t_0)\| < \delta(\varepsilon)$ tenga por consecuencia una trayectoria $x(t, x_0)$ tal que $\|x(t, x_0)\| < \varepsilon$. Si no existe el número $\delta(\varepsilon)$ mencionado el sistema se denomina inestable.

3.2.2. Definición 2.

El punto de equilibrio del sistema $\dot{x} = f(t)$ origen del espacio de estado, es asintóticamente estable si, además de ser estable, satisface la condición siguiente

$$\lim_{t \to \infty} \| x(t), x_o \| = 0$$

Se representa, en figura 1, ejemplos de trayectorias asociadas a la condición inicial x_0, cuando el origen es estable asintóticamente, estable o inestable.

$$\|x\| = x_1^2 + x_2^2$$

a) Comportamiento estable.

b) Comportamiento asintóticamente estable.

c) Inestable.

Observar que los valores numéricos de ε y $\delta(\varepsilon)$ son irrelevantes para la clasificación del origen como punto estable o no. La estabilidad definida arriba es por lo tanto de carácter local.

En los sistemas no lineales, es interesante la estabilidad de una trayectoria. En un equipo que es concebido para producir oscilaciones de amplitud y frecuencia constante (oscilador).

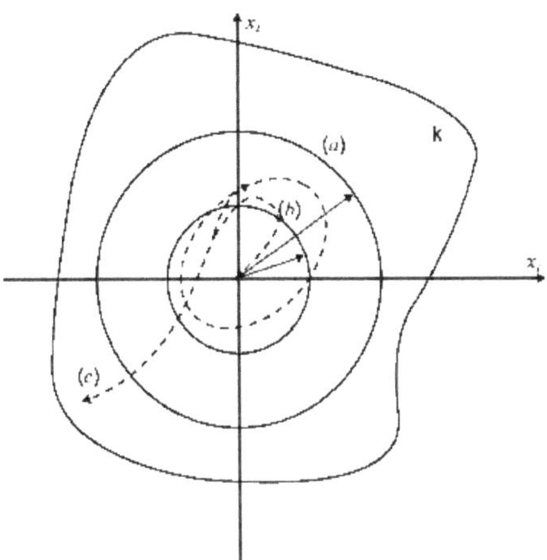

k: Dominio de existencia y unicidad de solución de la ecuación diferencial

Figura 1. Estabilidad

Desde un punto de vista teórico, la energía o función de Liapunov hace que el problema en sistemas lineales o no lineales sean de la misma naturaleza.

Sea para un sistema con excitación nula

$$\dot{y} = g(y)$$

$$y(0) = y_0$$

Sistema no lineal con la trayectoria $y_S(t)$ como solución a partir de y_0 por lo tanto

$$y_S' = g\left[y_S(t)\right]$$

Considere una perturbación momentánea del sistema inicialmente ejecutando la trayectoria $y_S(t)$. Terminada la perturbación de la trayectoria que el sistema sigue. Si la diferencia entre las dos sea

$$x = y(t) - y_S(t)$$

tiende a cero cuando $t \to \infty$, o se mantiene de amplitud limitada, obviamente se debe conceptualizar a la trayectoria $y_s(t)$ como estable, en caso contrario como inestable siendo $y(t)$ también solución de la ecuación.

Con $x = y(t) - y_s(t)$ se tiene

$$\dot{y} = \dot{x} + \dot{y}_s(t) = g\left[x + y_s(t)\right]$$

este último resultado puede escribirse

$$x' = g\left[x + y_s(t)\right] - g\left[y_s(t)\right] = f(x,t)$$

Cuando $x = 0$, la ecuación de arriba tiene el segundo miembro nulo, implica $x' = 0$ en $x = 0$ por lo tanto el origen es punto de equilibrio del sistema. Siempre que el punto de equilibrio x estuviera en el origen o próximo del origen, el sistema estará en la trayectoria y_s o cerca de ella.

Por lo tanto el problema de la estabilidad de la trayectoria equivale al problema de la estabilidad del origen.

Consideremos dos ejemplos de sistemas mecánicos y la evolución de la energía total al transcurso del tiempo.

EJEMPLO 3. SISTEMA CONSERVATIVO DE MASA-RESORTE

Sea la ecuación diferencial

$$\ddot{y} + Ky = 0$$

donde y es la posición de la masa

$$\dot{x}_1 = x_2$$

$$\dot{x}_2 = -Kx_1$$

su único punto de equilibrio es el origen.

La energía total es la suma de energía cinética más la potencial. Observando la ecuación, la masa posee valor unitario y el resorte constante K.

Como

$$x_1 = y$$
$$\dot{x}_1 = \dot{y} = x_2$$

resulta la energía total

$$E = \frac{1}{2}mv^2 + k\int_0^{x_1} x_1 dx_1$$

$$E(x_1, x_2) = \frac{m.x_2^2}{2} + k\int_0^{x_1} x_1 dx_1$$

derivando

$$\frac{dE}{dt} = x_2\dot{x}_2 + kx_1\dot{x}_1$$

reemplazando

$$\frac{dE}{dt} = m.x_2.(-Kx_1) + kx_1x_2 \qquad si\ k = mK$$

$$\frac{dE}{dt} = x_2(-kx_1) + kx_1x_2 = 0$$

Por lo tanto la energía total E del sistema es constante a lo largo de cada trayectoria.

EJEMPLO 4. SISTEMA NO CONSERVATIVO COMPUESTO DE MASA RESORTE Y AMORTIGUADOR

Sea la ecuación

$$\ddot{y} + b\dot{y} + Ky = 0 \qquad b,\ K > 0 \text{ con } x_1 = y$$

$$\dot{x}_1 = x_2$$

$$\dot{x}_2 = -(Kx_1 + bx_2)$$

La energía total tiene dos partes, una asociada a la posición de la masa unitaria, x_1, y otra depende de la velocidad $x_2 = \dot{y}$ de la masa.

$$E(x_1, x_2) = \frac{x_2^2}{2} + \int_0^{x1} Kx_1 dx_1$$

Considerando la derivada de la energía total a lo largo de las trayectorias

$$\frac{dE}{dt} = \frac{dE}{dx_1}\frac{dx_1}{dt} + \frac{dE}{dx_2}\frac{dx_2}{dt} = Kx_1\dot{x}_1 + x_2\dot{x}_2$$

reemplazando

$$\frac{dE}{dt} = Kx_1x_2 + x_2\left(-Kx_1 - bx_2\right) = -bx_2^2$$

Considerando que por hipótesis $b > 0$ esta derivada es siempre negativa o nula.

$\frac{dE}{dt} = 0$ cuando $x_2 = 0 \quad \forall\, x_1$ esto es la recta $0\,x_1$ y corresponde a velocidad nula, hay quietud.

$$\frac{dE}{dt} \langle 0 \text{ cuando } x_2 \neq 0$$

La condición del punto-sistema de estar en la recta $0x_1$, sólo puede ocurrir momentáneamente; de hecho, si $x_2 = 0$ y x_1 es cualquier valor no nulo, la condición Liapunov garantiza que x_2 es negativa o positiva pero no nula.

Esto determina también que la velocidad x_2 es nula pero la aceleración x_2 no lo es, y que el sistema pasará luego a la condición de $x_2 \neq 0$.

Con este análisis, observamos que el punto-sistema se evalúe siempre en el sentido de decrecimiento de la energía total. El análisis de la energía total por la ecuación muestra luego que el mínimo de la función es único y ocurre en el origen del plano x_1 - x_2, por lo tanto el punto-sistema se mueve en el sentido de la energía decreciente hasta el origen.

El sistema no amortiguado ya fue estudiado en capítulos anteriores y se sabe que las trayectorias son elípticas con centro en el origen.

El sistema amortiguado, que también fue estudiado para $b > 0$ los autovalores están en el semiplano izquierdo, el origen es un modo, un foco o una estrella estable.

Conclusión:

> El signo de la derivada temporal de la energía total de los sistemas mecánicos está íntimamente ligado a la condición de estabilidad del origen.

La generalización de esto conduce a la teoría de Liapunov.

3.3. Estabilidad en sistemas discretos.

3.3.1. Definición 3 (Estabilidad)

Sea el sistema discreto representado por

$$x(k+1) = f\left[x(k), k\right]$$

y sean $x^0(k)$ y $x(k)$ soluciones para las condiciones iniciales $x^0(k_0)$ y $x(k_0)$ respectivamente.

La solución $x^0(k)$ es estable si para un $\varepsilon > 0$ dado que existe un $\delta(\varepsilon, k_0) > 0$ tal que todas las soluciones que cumplan

$$\left\| x(k_0) - x^0(k) \right\| < \delta$$

se verifica que

$$\left\| x(k) - x^0(k) \right\| < \varepsilon \text{ para todo } k \geq k_0.$$

3.3.2. Definición 4 (Estabilidad asintótica)

La solución $x^0(k)$ es asintóticamente estable si es estable y si

$$\left\| x(k) - x^0(k) \right\| \rightarrow 0$$

cuando $k \rightarrow \infty$ siempre que

$$\left\| x(k_0) - x^0(k_0) \right\|$$

sea suficientemente pequeño.

EJEMPLO 5

Consideremos al sistema lineal

$$x^0(k+1) = \phi x(k)$$
$$x^0(0) = a^0$$

Para investigar la estabilidad de estas soluciones, perturbamos el valor inicial

$$x(k+1) = \phi x(k)$$
$$x(0) = a$$

Si la diferencia $\tilde{x} = x - x^0$ satisface la ecuación

$$\tilde{x}(k+1) = \phi\tilde{x}(k)$$
$$\tilde{x}(0) = a - a^0$$

Esto implica que la solución x^0 es estable, entonces cualquier otra solución también es estable.

Por otro lado la estabilidad es una invariante, es una propiedad del sistema no de las soluciones.

3.3.3. Teorema 1

Un SLIT es asintóticamente estable si solo si todos los valores propios de ϕ están estrictamente dentro del círculo unidad.

3.3.4. Definición 5

Sea un sistema dinámico de orden n y vector de estado x y sea $V(x)$ una función escalar asociada al estado x del sistema entonces $V(x)$ es función de Liapunov cuando satisface las tres propiedades siguientes

- $V(x)$ es continua de clase C_1 en alguna región abierta R definida por $||x|| < \alpha$, $\alpha > 0$; en la cual el sistema dinámico dado tiene solución única.
- $V(x) > 0$ para cualquier $x \neq 0$ en R y $V(0) = 0$ esto es, $V(x)$ definidamente positiva en R.
- La derivada total $\dfrac{dV}{dt}$ a lo largo de las trayectorias del sistema, es menor o igual a cero, esto es, dV/dt es semidefinida negativa a lo largo de las trayectorias en R.

Una forma para calcular la $\dfrac{dV}{dt}$ para un sistema autónomo $\dot{x} = f(x)$ es

$$\frac{dV}{dt} = \sum_{i=1}^{n} \frac{dV}{dx_i}\frac{dx_i}{dt} = \sum_{i=1}^{n} \frac{dV}{dx_i} f_i(x) = (grad\ V)^T \dot{x} = (\nabla V)^T f(x) = \langle \nabla V f(x) \rangle$$

Un caso especial que merece atención ocurre cuando la ecuación del sistema dinámico es del tipo $\dot{x} = U(x)x$ y cuando $V(x)$ es una forma cuadrática

$$V(x) = x^T V x$$

La derivada total de $V(x)$ a lo largo de las trayectorias tiene expresión matricial simple, porque utilizando de nuevo la ecuación dinámica resulta

$$\frac{dV}{dt} = \dot{x}^T V x + x^T V \dot{x} = x^T \left[V \cdot U + U^T \cdot V \right] x$$

Si fuese un sistema lineal, U es numérico y resulta

$$\dot{V} = x^T (VU + U^T V) x = -x^T Q x$$

3.4. Teoremas sobre estabilidad

3.4.1. Teorema 1

Sea el sistema dinámico de orden n descripto por la ecuación diferencial $x' = f(x)$ y sea $f(0) = 0$, el punto de equilibrio del sistema en $x = 0$, entonces:

a) Es estable si existe una función de Liapunov asociada al sistema.

b) Es asintóticamente estable si existe una función de Liapunov asociada, cuya derivada total a lo largo de las trayectorias del sistema $\frac{dV}{dt}$ es definida negativa.

Una alternativa importante de este punto b) es

b') Asintóticamente estable, si existe una función de Liapunov asociada, cuya derivada total $\frac{dV}{dt}$ es semidefinida negativa y si las curvas donde

$\frac{dV}{dt} = 0$ no corresponda a trayectorias posibles para el sistema (esta es la condición de Barbashim y Krasovskii).

Es importante observar que el Teorema enunciado manifiesta las condiciones suficientes para la estabilidad y que son también necesarias, en el caso restringido a los sistemas autónomos.

Para la ingeniería no existe mucha desventaja de este hecho, pues el problema en general es: "***establecer con certeza una función de Liapunov***" que satisfaga este

Teorema

Una interpretación geométrica de $V(x)$ y $\dot{V}(x)$ cuando x tiene dimensión 1 ó 2. Considere el caso de n=2, para lo cual $V(x)$ definida positiva.

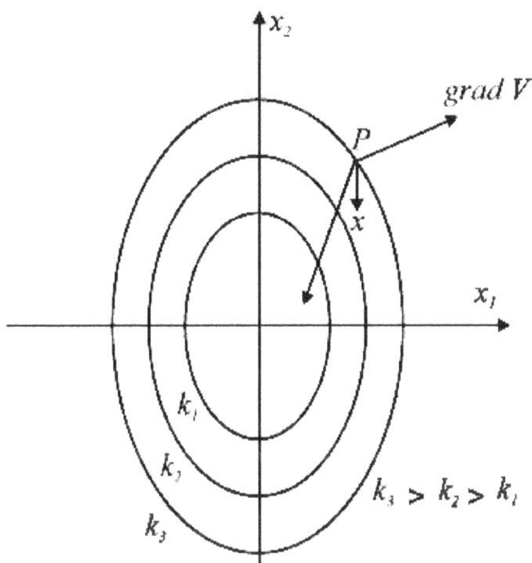

Figura 5. Curvas de equipotencial

Las curvas de nivel o equipotenciales de $V(x) = Cte$ son perpendiculares al $grad\ V(x)$. La derivada cuyo signo nos interesa conocer es $\frac{dV}{dt} = (grad\ V)^T \dot{x}$

Por lo tanto el signo de *dV/dt* depende del signo de la proyección del vector velocidad $\dot{x}$ de la trayectoria del punto-sistema en el punto *P,* como el gradiente es normal a las curvas de nivel en *P* y es orientado hacia equipotenciales creciente, suceden las siguientes interpretaciones: *dV/dt* ó la proyección $\dot{x}$ sobre el grad *V*(*x*) si es:

a) menor que cero → el punto-sistema entra en la superficie.

b) igual a cero → el punto-sistema, permanece en la superficie.

c) si es mayor que cero, implica que el punto se aleja hacia el exterior del sistema.

Las propiedades generales de las funciones adoptadas de acuerdo con las hipótesis del Teorema, garantizan una regularidad de comportamiento en un entorno del origen del plano de estado; así en el caso a) el punto-sistema se dirige inexorablemente hacia el origen, partiendo de cualquier punto interno a una equipotencialidad determinada, lo que constituye una garantía de estabilidad asintótica.

En el caso b), el punto-sistema se mantiene siempre próximo al origen, sin dirigirse necesariamente hacia el origen, comportamiento este definido como estable.

EJEMPLO 6

Sea el sistema lineal $\dot{x} = Ax$

$$A = \begin{bmatrix} 0 & 1 \\ -b^2 & 0 \end{bmatrix}$$

Se adopta como función Liapunov

$$V(x_1 x_2) = b^2 x_1^2 + x_2^2 = (x_1\ x_2)\begin{bmatrix} b^2 & 0 \\ 0 & 1 \end{bmatrix}\begin{pmatrix} x_1 \\ x_2 \end{pmatrix}$$

Las propiedades de la definición de función de Liapunov son satisfechas en todo el plano (x_1, x_2).

$$\frac{dV}{dt} = \sum_{i=1}^{n} \frac{dV}{dx_i}\frac{dx_i}{dt} = 2b^2 x_1 x_2 - 2b^2 x_2 x_1 = 0$$

Por lo tanto el sistema es estable, no se puede afirmar si es asintóticamente estable, por medio de esta función de Liapunov.

Ejemplo 7. Sistema lineal

Sea

$$\dot{x} = Ax = \begin{bmatrix} 0 & 1 \\ -b & -a \end{bmatrix}$$

Sea $V(x)$ dependiente de un parámetro α convenientemente seleccionado

$$V(x) = \alpha x_1^2 + x_2^2 \qquad \alpha > 0$$

$V(x)$ es definida positiva.

$$\frac{dV}{dt} = 2\alpha x_1 \dot{x}_1 + 2x_2 \dot{x}_2 = 2\alpha x_1 \dot{x}_2 - 2x_2(bx_1 + \alpha x_2)$$

Haciendo $\alpha = b$ se simplifica la expresión y resulta

$$\frac{dV}{dt} = -2ax_2^2$$

que es semidefinida negativa, luego el sistema es asintóticamente estable.

Ejemplo 8

Considere un sistema con un block lineal con función de transferencia

$$\frac{K}{s(1+sT)}$$

y un block no lineal y realimentación unitaria.

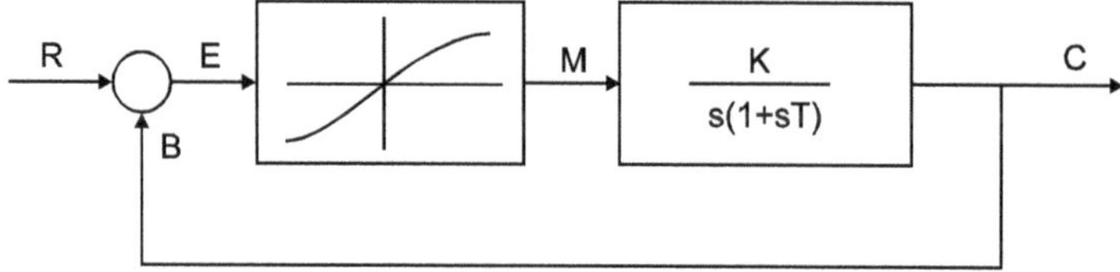

Figura 6. Diagrama en bloques

La función de la no linealidad unívoca, centralmente simétrica y con las siguientes propiedades:

$m=g(e)$ $\qquad g(0)=0$ $\qquad e.g(e)>0$ $\qquad$ si $e\neq 0$

Esta no linealidad incluye por ejemplo, el amplificador lineal con saturación simétrica.

Estudio del sistema linealizado, $g(e) = e$ si $r(t) = 0$, la ecuación diferencial del sistema es

$$\frac{C(s)}{M(s)}=\frac{K}{s^2T+s} \quad \Rightarrow \quad \ddot{c}T+\dot{c}=Km(t) \qquad c(t)=-e(t)$$

$$\ddot{e}+\ w\dot{e}+K_1 e=0 \qquad w_1=\frac{1}{T} \qquad K_1=\frac{K}{T}$$

Definiendo $x_1 = e$; $x_2 = \dot{e}$ se tienen las ecuaciones de estado

$$\dot{x}_1 = x_2$$
$$\dot{x}_2 = -K_1x_1 - w_1x_2$$

Proponiendo para la función de Liapunov

$$V(x_1x_2)=v_{11}x_1^2+v_{22}x_2^2 \qquad v_{11},v_{22}>0$$

definida positiva, resulta

$$\frac{dV}{dt}=\ 2v_{11}x_1x_2-2v_{22}K_1x_2x_1-2v_{22}w_1x_2^2$$

que es definida negativamente si

$$v_{22}w_1>0$$
$$2v_{11}-2v_{22}K_1=0$$

Como $v_{11},v_{22}>0$, se garantiza estabilidad para cualquier $w_1>0$ y $K_1>0$, se adopta

$$v_{11}=K_1v_{22}$$

Resolviendo el mismo problema de estabilidad por el métodos de Routh-Hurwitz se obtiene como resultado que la condición necesaria y suficiente para estabilidad asintótica es $w_1>0$ y $K_1>0$.

3.4.2. Estudio del sistema no lineal

En estos casos, tentativas con formas cuadráticas de coeficientes constantes difícilmente dan resultado, es necesario proponer $V(x)$ inspirada en la energía total del sistema.

Las ecuaciones de estado del sistema son

$$\dot{x}_1 = x_2$$
$$\dot{x}_2 = -K_1g(x_1)-w_1x_2$$

Sea $V(x)$ la expresión de la energía producida por la posición x_1 y la velocidad x_2

$$V(x) = \frac{x_2^2}{2} + K_1 \int_0^{x_1} g(x_1) dx_1$$

La parte $w_1 x_2$ de las ecuaciones de estado, corresponde a una fuerza de amortiguamiento responsable por el consumo y no almacenando energía, por eso no está en la expresión de $V(x)$.

$$\frac{dV}{dt} = K_1 g(x_1)\dot{x}_1 + x_2\dot{x}_2 = K_1 g(x_1) x_2 + x_2\left[-K_1 g(x_1) - w_1 x_2\right] = -w_1 x_2^2$$

Por lo tanto $\frac{dV}{dt} < 0$, si $w_1 > 0$ y el sistema es estable.

Analizando la trayectoria asociada a $\frac{dV}{dt} = 0$ que es la recta $x_2 = 0$, se tiene $x_1 = 0$

$$x_1 = Cte = c_1 x_2 = -k \cdot g(c_1) = Cte = c_2$$

Por lo tanto $x_2 = c_2 t$ lo que es incompatible con $x_2 = 0$ excepto en el origen $x = 0$.

La trayectoria asociada de $\frac{dV}{dt} = 0$ es imposible excepto en el origen. Por el teorema de Barbashim y Krasovskii se puede entonces afirmar la estabilidad asintótica.

Demostración del primer teorema

Sin pérdida de generalidad, se supone que V sea definida positiva en una región finita $\|x\| \leq h \leq H$.

Se supone también que $f(x)$ sea continua en la región H y satisfaga a la condición de Lipschitz, de manera que la ecuación diferencial $x = f(x)$ tenga una única solución.

A) Por la última hipótesis del teorema, en la región H

$$\frac{dV(x)}{dt} = \dot{V}(x) \leq 0$$

Sea $\varepsilon < h$ un número real arbitrariamente pequeño $\|x\| = \varepsilon$ corresponde a vectores x con extremidad en la superficie esférica de radio ε

Sea K el límite inferior de la función $V(x)$ cuando $\|x\| = \varepsilon$, por lo tanto:

$$V(x) > K \qquad \text{si } \|x\| = \varepsilon$$

Supóngase que $x(0)$ esté en el interior de la esfera de radio δ; $\|x(0)\| < \delta$.

Como $V(x)$ es continua y $V(0) = 0$, es posible escoger un δ suficientemente pequeño para que $V[x(0)] < K$.

Sustituyendo la solución $x(t)$ en V, resulta la función del tiempo $V[x(t)]$ no puede aumentar en el transcurrir del tiempo, por lo tanto

$$V[x(t)] \leq V[x(0)] < K$$

Supóngase por el absurdo que $||x(t)||$, en cierto instante $T > 0$ alcanza el valor de ε. Entonces $V[x(T)] \geq K$.

Esto no es posible porque si $\varepsilon < h$, la superficie es interna a la región donde $V[x(T)] < K$.

Así, $||x(t)|| < \varepsilon$, $\forall\, t > 0$, para cualquier trayectoria originada de condición inicial $x(0)$, con $||x(0)|| < \varepsilon$. Esta es la definición de estabilidad.

B) Estando las condiciones de estabilidad satisfechas dado $\varepsilon > 0$, se puede escoger $\delta = \delta(e) > 0$ tal que para todo $\|x(0)\| < \delta$ hace que

$$\|x(t)\| < \varepsilon \qquad \forall\, t > 0$$

Además de esto, en una región $\|x\| \leq r$, la derivada

$$\frac{dV}{dt} = W(x)$$

sobre las trayectorias del sistema es

$$W(x) < 0 \qquad \forall\ x \neq 0$$

La evolución de $V[x(T)]$ tiene que ser "monótona decreciente" con $t > 0$ por ser $V'(\cdot)$ definida positiva.

Por lo tanto $V[x(T)]$ tiene como límite V_∞ cuando $t \to \infty$, y por la monotonía

$$V[x(T)] > V_\infty \geq 0 \qquad\qquad \forall\quad t > 0$$

V_∞ es cero. Si por absurdo, no lo fuese, se podría encontrar un número $\alpha > 0$ tal que

$$\|x(t)\| > a > 0$$

Por ser $W(x)$ definida negativa (nula sólo en el origen del espacio y continua), la $\|x\| > a$ corresponde

$$W(x) \leq -b \qquad\qquad b > 0$$

Considere un instante $t > 0$ cualquiera y

$$V[x(t)] = V[x(0)] + \int_0^t \frac{dV(x(\tau))}{d\tau} d\tau < V[x(0)] - bt$$

El segundo miembro es negativo para t suficientemente grande, pero el primer miembro siempre es positivo.

Por lo tanto V_∞ es cero, o sea

$$\lim_{t \to \infty} V[x(t)] = 0$$

Siendo *V(x)* definida positiva, ella es continua donde:

$$\lim_{t \to \infty} x(t) = 0$$

y está probada la estabilidad asintótica del sistema.

3.5. Teoremas sobre la inestabilidad

3.5.1. Primer Teorema de Liapunov

Sea el sistema dinámico de orden n descripto por la ecuación diferencial $\dot{x} = f(x)$ y sea $f(0) = 0$. El punto de equilibrio del sistema $x = 0$ es inestable si existe una función de Liapunov asociada al sistema y si

$$\frac{dV}{dt} > 0 \qquad \forall\, x \neq 0$$

Esto es que la derivada total de V sea definida positiva.

3.5.2. Segundo Teorema de Liapunov.

Bajo las mismas hipótesis que el teorema anterior, si en vez del Teorema anterior ocurre

$$\frac{dV}{dt} = \lambda V + W(x)$$

donde $\lambda > 0$ y $W(x)$ es semidefinida positiva, entonces el origen del espacio de estado es inestable.

3.5.3. Teorema de la Inestabilidad de Chetaiev.

La desventaja de los Teoremas de inestabilidad de Liapunov es que ellos exigen funciones V y $\frac{dV}{dt}$ definidas positivas sobre un entorno completo del origen. Entre tanto, para obtener una trayectoria inestable a partir del origen del espacio, basta que una región, tal vez pequeña, presente las condiciones suficientes. La figura siguiente explica la situación

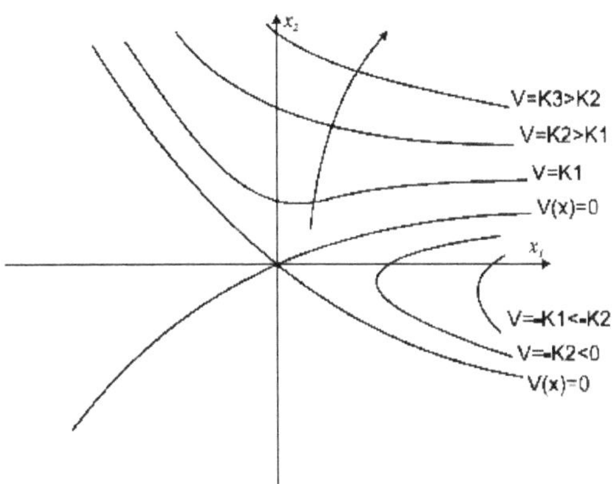

Figura 7. Trayectorias Inestables

$V(x)$ no es de signo definido ni semidefinido

El teorema de Chetaiev establece las condiciones mínimas para la existencia de ese comportamiento inestable.

Si un sistema dinámico autónomo, con punto de equilibrio $x = 0$ sea R un entorno del origen del espacio de estado y sea U una región contenida en R, y sea $V(x)$ con las siguientes propiedades:

a) Derivadas, parciales continuas de primer orden en U.

b) $V(x)$ y $\dot{V}(x)$ ambas definidas positivas en U.

c) $V(x) = 0$ en los puntos de un entorno de U situados en R.

d) El origen $x = 0$ pertenece a un entorno de U.

En esas condiciones, el origen del espacio de estado es inestable.

EJEMPLO 9

Sea el sistema no lineal

$$\dot{x}_1 = ax_1^2 + bx_2^3$$

$$\dot{x}_2 = -cx_2 + dx_1^3 \text{ con } a,b,c,d > 0$$

Sea la función

$$V(x) = x_1 - \frac{x_2^2}{2}$$

que no es definida positiva como se exige de las funciones candidatas a función de Liapunov. Esta función es nula sobre la curva $2x_1 = x^2$ que contiene el origen.

Calculando $\dfrac{dV}{dt}$, resulta

$$\frac{dV}{dt} = \dot{x}_1 - x_2\dot{x}_2 = (ax_1^2 + bx_2^3) - x_2(-cx_2 + dx_1^3) = ax_1^2 + cx_2^2 + bx_2^3 - dx_1^3x_2$$

Es obvio que para x_1 y x_2 suficientemente pequeños predomina con signo positivo.

Es posible encontrar un círculo alrededor del origen donde sucede que $dV/dt > 0$.

La parábola $V(x) = 0$ pasa por el origen y separa el plano en dos regiones; una correspondiendo a valores positivos y la otra a valores negativos de $V(x)$.

En la región en que ocurren valores positivos, estará también un área del círculo de $dV/dt > 0$. Esto establece las condiciones de inestabilidad de Chetaiev.

3.6. Dominios de Estabilidad

Ha sido estudiada hasta aquí la estabilidad en un entorno de un punto de equilibrio, sin considerar las dimensiones de ese entorno.

Se trata de la estabilidad del punto de equilibrio o estabilidad local. Es claro que, en un proyecto de ingeniería, se debe verificar si las mayores perturbaciones posibles en la vida del sistema llevan o no a salir de la región del espacio de estado donde ocurre comportamiento estable.

Esta cuestión nos lleva a los conceptos de dominio de estabilidad y a las siguientes definiciones de "estabilidad práctica".

3.6.1. Definición 6.

Asociando a un sistema dinámico (asintóticamente) estable $\dot{x} = f(x)$, y a una función de Liapunov $V(x)$, se define el dominio de estabilidad a la región de los puntos x en que $V(x) < k$ con $k > 0$, una constante y dV/dt (definida) semidefinida negativa.

La situación se la ejemplifica en la figura para un sistema bidimensional. Interesa el mayor dominio de estabilidad posible.

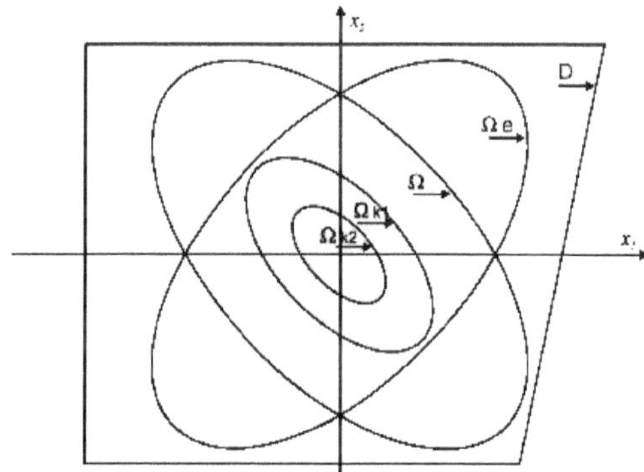

D	dominio de definición, existencia y unicidad de la solución
Ω	positividad de $V(x)$
Ωe	negatividad o seminegatividad de $dV(x)/dt$
Ωk_1	mayor dominio de estabilidad $[V(x) < k_1]$

Figura 8. Dominio de estabilidad

3.6.2. Definición 7.

Dominio de atracción del sistema dinámico $\dot{x} = f(x)$ es el conjunto de todos los puntos x_0 que son condiciones iniciales de movimientos que eventualmente tienden al origen del espacio de estados.

EJEMPLO 10

Sea el servo de la figura, el motor eléctrico es DC controlado por excitación. Esto lleva a una no linealidad esencial del sistema, desventaja que se opone a la ventaja económica del propio motor que se comporta como amplificador de potencia. El motor controlado por armadura sería prácticamente lineal, pero exige un amplificador servo de señal con potencia de salida igual a la del propio motor (veinte veces mayor).

El servo posee además una realimentación auxiliar de la velocidad de salida para estabilizarlo. La ecuación normalizada puede ser

$$\ddot{x} + \left[\beta + (\beta\dot{x} + x)^2\right]\dot{x} + x = 0$$

siendo

$x = \sqrt{\gamma \cdot c}$ variable normalizada

$s = w_n \cdot t$ tiempo normalizado

$$\dot{x} = \frac{dx}{dt}$$

$$\ddot{x} = \frac{d^2x}{dt^2}$$

$$\beta = F \cdot w_n$$

$$\gamma = \frac{nk_2k_3w_n}{V_a} \qquad w_n = \sqrt{\frac{k}{j}} \qquad k = \frac{nk_1k_3V_a}{R + r_a}$$

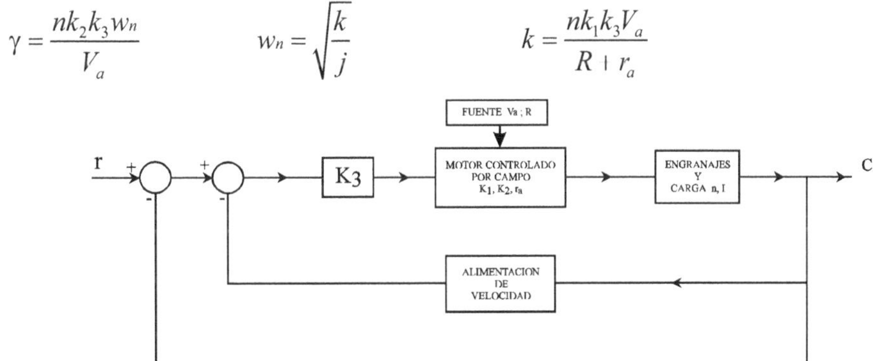

Figura 9. Servo de motor eléctrico CC.

en que

n Relacion de engranajes $= \dfrac{\text{cupla en la carga}}{\text{cupla del motor}}$

k	Fuerza contra electromotriz del motor por unidad del producto de la corriente de campo por la velocidad angular del motor.
k_3	Ganancia del pre-amplificador.
V	Fuerza electromotriz interna de la fuente de alimentación de la armadura.
F	Coeficiente de la realimentación de la velocidad.
J	Suma de las inercias de la carga, del motor y de engranajes referidas a la carga.
k_1	Cupla del motor por unidad del producto. Corriente de campo por corriente de armadura.
R	Resistencia interna de la fuente de alimentación de la armadura, importante para evitar cortocircuito en el motor cuando la corriente del campo es nula.
r_a	Resistencia de la armadura.
V_a	Tensión de la fuente de alimentación de la armadura.

La ecuación diferencial equivale en el espacio de estado, con $x_1 = x$

$$\dot{x}_1 = x_2$$

$$\dot{x}_2 = -x_1 - \left[\beta + (\beta x_2 + x_1)^2\right] x_2$$

Con matrices se puede expresar

$$\begin{pmatrix} \dot{x}_1 \\ \dot{x}_2 \end{pmatrix} = \begin{pmatrix} 0 & 1 \\ -1 & \beta + \quad (\beta x_2 + x_1)^2 \end{pmatrix} \begin{pmatrix} x_1 \\ x_2 \end{pmatrix}$$

Para emplear la expresión vista, para el cálculo de $\dfrac{dV}{dt}$

$$\frac{dV}{dt} = x^T \left[V \cdot U(x) \ + U^T(x) \cdot V\right] x$$

Se define a:

$$U(x_1 \ \ x_2) = \begin{pmatrix} 0 & 1 \\ -1 & -N(x_1 \ . \ x_2) \end{pmatrix}$$

donde

$$N(x_1 x_2) = \beta + (\beta x_2 + x_1)^2 \qquad [1]$$

Sea

$$V(x) = V(x_1 x_2) = x^T V \, x$$

Con

$$V = \begin{bmatrix} 1 & 0{,}02 \\ 0{,}02 & 1 \end{bmatrix}$$

$$\dot{V}(x) = x^T \begin{bmatrix} -0{,}04 & -0{,}02N \\ -0{,}02N & 0{,}04 - 2N \end{bmatrix} x$$

Para descubrir los dominios de estabilidad asintótica se debe conocer dominios definidos por $V(x) < k$ en que $\dot{V}(x)$ sea definida negativa. Por el teorema de Sylvester resultan las condiciones

$$|a_{11}| = -0,04 < 0$$

$$\begin{vmatrix} a_{11} & a_{12} \\ a_{21} & a_{22} \end{vmatrix} = -0,04(0,04 - 2N) + 0,02N(-0,02N) > 0$$

Examinando esta última expresión cuando $N \to \infty$ el trinomio de segundo grado tiende a $-\infty$, por lo tanto la desigualdad sólo puede ocurrir entre las dos raíces del trinomio que son 0,02 y 199,98.

En otras palabras, la desigualdad es satisfecha para $0{,}02 < N < 199{,}98$. Introduciendo ahora la ecuación vista arriba, resulta

$$0,02 < \beta(\beta x_2 + x_1)^2 < 199{,}98$$

$$0,02 - \beta < (\beta x_2 + x_1)^2 < 199{,}98 - \beta$$

Sea el coeficiente de realimentación tacométrico β mayor que 0,02, entonces el primer término es negativo y el segundo es siempre positivo por ser el cuadrado de un número real; la primera desigualdad queda siempre satisfecha y la segunda representa que (x_1 x_2) es interna a una elipse E_1, dependiente de β y con centro en el origen del plano de estado

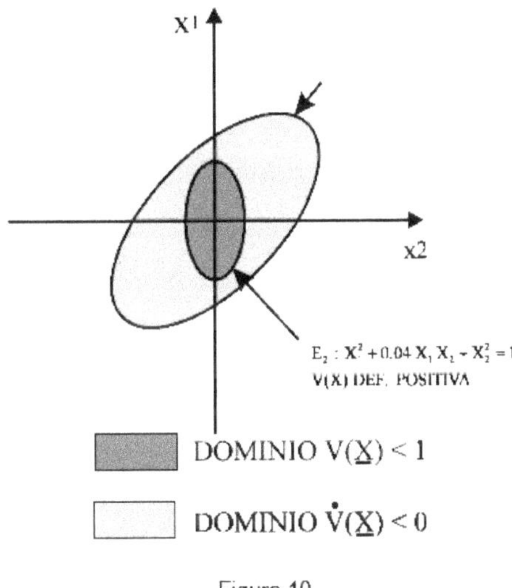

Figura 10

Se debe ahora conocer los dominios definidos por $V(x) < k$ que sean internos a una elipse. Se tiene

$$x_1^2 + 0,04x_1x_2 + x_2^2 < k$$

que son áreas internas a elipses E_2 de centro en el origen, Figura 10.

El mayor dominio de estabilidad asintótica para el servosistema de este ejemplo, calculado con la función Liapunov escogida, será evidentemente la mayor elipse E2 que todavía sea interna a la elipse E1.

3.7. Criterio de estabilidad por los autovalores

Si los sistemas son descriptos en el espacio de estado por $\dot{x} = Ax$ se pueden emplear los Teoremas de Liapunov directamente. Si los autovalores de la matriz A son distintos existe una transformación lineal del espacio x a otro z, de forma que en este último la ecuación del sistema dinámico queda

$$\dot{z} = \Lambda z$$

con Λ diagonal; $\Lambda = \text{diag}(\lambda_1 \; \lambda_2 \cdots \lambda_n)$.

En general, se tiene un sistema de ecuaciones escalares

$$\dot{z}_i = \lambda_i \; z_i \qquad\qquad i = 1, 2, \cdots, n$$

en que las z_i son complejas para los λ_i complejos.

Consideremos como candidata a función Liapunov del sistema a la función:

$$V(x) = -\sum_{i=1}^{n} (2 \operatorname{Re} \lambda_i) \, z_i \, z_i^* = -\sum_{i=1}^{n} (\lambda_i + \lambda_i^* \;) \, z_i \, z_i^*$$

donde $\operatorname{Re} \lambda_i$ es la parte real de λ_i y z_i^* es el complejo conjugado de z_i.

La derivada total de V resulta, con el empleo de las ecuaciones:

$$\dot{V}(z) = -\sum_{i=1}^{n} \left(\lambda_i + \lambda_i^*\right) \left(\dot{z}_i \; z_i^* + z_i . \dot{z}_i^* \right) =$$

$$= -\sum_{i=1}^{n} \left(\lambda_i + \lambda_i^*\right)^2 z_i \, z_i^* = -\sum_{\mathrm{i=1}}^{\mathrm{n}} \left(2 \operatorname{Re} \lambda_i\right)^2 \, z_i \;\, z_i^*$$

Observaciones:

- Si la parte real de todos los λ_i es negativa, $V(z)$ es definida positiva para todo z.
- Si la parte real de todos los λ_i es no nula, $V'(z)$ es definida negativa para todo z.

Donde por el teorema de Liapunov, para el sistema sea (globalmente) asintóticamente estable es suficiente que todos los autovalores sean a parte real estrictamente negativos.

Recordando que los autovalores de la matriz A son los polos de la función de transferencia del sistema este resultado coincide con los criterios de estabilidad.

3.8. Descubriendo las Funciones de Liapunov

Sea $\dot{x} = Ax$ con A una matriz constante y sea $V(x)$ una forma cuadrática

$$V(x) = x^T \, Vx, \quad V^T = V$$

$$\frac{dV}{dt} = \dot{x}^T \, Vx + x^T V \, \dot{x} = (Ax)^T \; Vx \; + \; x^T \; V \; Ax$$

$$\frac{dV}{dt} = x^T \left(A^T\ V + V\,A\right)x$$

Por lo tanto, la derivada de V también es una forma cuadrática del tipo $x^T\ Q\ x$. Es inmediato verificar que $Q^T = Q$.

En el sentido de la experiencia de encontrar una función de Liapunov para el sistema, esto es, una $V(x)$ definida positiva tal que dV/dt sea definida negativa, por lo menos en el entorno del origen, ocurre la idea de imponer Q definida negativa.

Por ejemplo $Q = -I$, entonces con este dato se puede encontrar la matriz V ya que

$$Q = A^T V + VA$$

Desarrollando, se tiene los $\dfrac{n(n+1)}{2}$ coeficientes distintos en V, como incógnitas en igual número de ecuaciones escalares.

Está claro que la afirmación de estabilidad para el sistema dependerá de V sea definida positiva, con el empleo del teorema de Sylvester, se puede probar que es necesario cumplir con las condiciones del conocido criterio de Routh - Hurwitz.

El problema de resolver la ecuaciones $Q = A^T V + VA$ es muy importante, y se puede realizar un programa para su determinación, de hecho existe el Matlab, Mathematica y otros que lo hacen.

EJEMPLO 11

$$\ddot{x} + a_1\dot{x} + a_0 x = 0$$

Con $x_1 = x$ y $x_2 = \dot{x}$ resulta

$$A = \begin{bmatrix} 0 & 1 \\ -a_0 & -a_1 \end{bmatrix}$$

Sea

$$V = \begin{bmatrix} v_{11} & v_{12} \\ v_{21} & v_{22} \end{bmatrix}$$

Escogiendo $Q = -2I$, definida negativa, resulta el siguiente conjunto de ecuaciones

$$2 = 2a_0 v_{12}$$
$$0 = a_1 v_{12} + a_0 - v_{11}$$
$$2 = 2a_1 v_{22} - v_{12}$$

donde

$$v_{11} = \frac{a_1}{a_0} + \frac{a_0}{a_1} + \frac{1}{a_1}$$

$$v_{12} = \frac{1}{a_0}$$

$$v_{22} = \frac{1}{a_1} + \frac{1}{a_0 a_1}$$

Por el teorema de Sylvester, V es definida positiva si

$$v_{11} > 0 \qquad v_{11}v_{22} - v_{12}^2 > 0$$

Sustituyendo

$$\frac{a_1^2 + a_0^2 + a_0}{a_0 a_1} > 0$$

$$\frac{a_1^2 + (a_0 + 1)^2}{a_0\ a_1^2} > 0$$

Donde $a_0 > 0$ y $a_1 > 0$ son condiciones suficientes para la estabilidad.

Como se puede verificar, esas son condiciones necesarias y suficientes por el criterio de Routh - Hurwitz.

3.9. El principio de estabilidad por la primera aproximación

Son muy útiles los resultados que conducen del primer principio al segundo y es llamado el "Principio de Estabilidad por la Primera Aproximación".

Sea el sistema $\dot{x} = f(x)$, de solución existente y única, en un entorno del origen y sea el origen un punto de equilibrio aislado. Sea A una matriz real constante y $g(x)$ una función vectorial tal que

$$f(x) = Ax + g(x)$$

Si el sistema $\dot{x} = Ax$ es asintóticamente estable y si

$$\lim_{|x| \to 0} \frac{\|g(x)\|}{\|x\|} = 0$$

entonces el sistema dado inicialmente es asintóticamente estable en el origen.

De hecho si el sistema lineal $\dot{x} = Ax$ es estable, existe una función de Liapunov $x^T V x$ tal que su derivada total $x^T Q x$ es definida negativa.

Empleando ahora la misma función de Liapunov para el equilibrio del sistema original resulta la siguiente derivada total

$$\frac{dV(x)}{dt} = \left(\frac{dV}{dx}\right)^T \dot{x} = \left(\frac{dV}{dx}\right)^T \left[Ax + g(x)\right]$$

$$\dot{V}(x) = \dot{x}^T V x + x^T V \dot{x}$$

como $\dot{x} = Ax + g(x)$ ponemos

$$\dot{V}(x) = (Ax + g(x))^T V.x + x^T.V.(Ax + g(x)$$
$$\dot{V}(x) = (x^T A^T + g^T(x)).V.x + x^T.V(Ax + g(x)$$

$$\dot{V}(x) = x^T A^T Vx + g^T(x)Vx + x^T VAx + x^T Vg(x) = x^T (A^T V + VA)x + g^T(x).V.x + x^T Vg(x) =$$
$$= x^T (Q)x + G(x) \quad con \quad G(x) = g^T(x)Vx + x^T Vg(x)$$

y como

$$\lim_{x\to 0} \frac{g(x)}{|x|} = 0;$$

el signo depende de $x^T Qx$.

Cuando $||x|| \to 0$, ambos miembros de la igualdad tienden a cero pero el segundo termino de la derecha el segundo sumando lo hace más rápidamente que x. Por lo tanto, para un x suficientemente pequeño predomina el primer sumando y le da el signo a la derivada.

Evidentemente, la función de Liapunov del Sistema Lineal Asociado al Sistema Original, $x^T Vx$ puede ser usada para estimar el dominio de estabilidad, este será probablemente un dominio reducido, pero constituirá un punto de partida confiable para estimar el dominio de estabilidad del sistema no-lineal.

Ejemplo 12

Sea el sistema

$$\dot{x}_1 = -x_1 + 2x_2$$
$$\dot{x}_2 = -2x_1 - x_2 + x_2^2$$

Se puede identificar

$$A = \begin{bmatrix} -1 & 2 \\ -2 & -1 \end{bmatrix}$$

$$g(x) = \begin{bmatrix} 0 \\ x_2^2 \end{bmatrix}$$

Sea

$$V = \begin{bmatrix} 2 & 0 \\ 0 & 2 \end{bmatrix}$$

$$V(x) = x^T Vx = \begin{pmatrix} x_1 & x_2 \end{pmatrix} \begin{pmatrix} 2 & 0 \\ 0 & 2 \end{pmatrix} \begin{pmatrix} x_1 \\ x_2 \end{pmatrix} = 2x_1^2 + 2x_2^2$$

$V(x) > 0$ supongamos $x_1^2 + x_2^2 > K/2$

Si

$V(x) = K$

$$\frac{dV}{dt} = x^T Q x = x^T \left(A^T V + VA \right) x = x^T \begin{pmatrix} -4 & 0 \\ 0 & -4 \end{pmatrix} x$$

Como esta función es definida negativa y $g(x)$ cumple con la condición exigida, la función $x^T V x$ es función de Liapunov tanto para el sistema lineal como para el no-lineal dado en este ejemplo.

El dominio de estabilidad resulta de aplicar las ecuaciones al caso presente o sea

$$\frac{dV}{dt} = 4\left(-x_1^2 - x_2^2 + x_2^3\right)$$

El dominio de Liapunov es la región del plano en que $V(x)$ es positiva y su derivada total es negativa.

Evidentemente la frontera de validez de esta última condición es la curva

$$-x_1^2 - x_2^2 + x_2^3 = 0$$

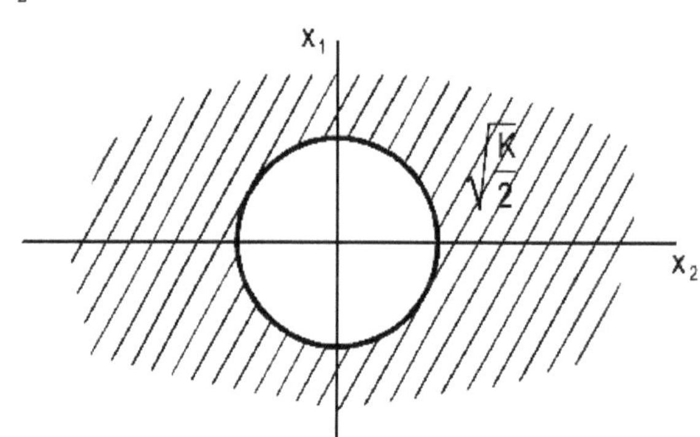

$$\dot{V}(x) = 4(-x_1^2 - x_2^2 + x_2^3) < 0$$

$$-x_1^2 - x_2^2 + x_2^3 < 0$$

$$-x_1^2 - x_2^2[1 + x_2] < 0 \quad ; \quad -x_1^2 < x_2^2(1 + x_2) \quad ; \quad x_1^2 > x_2^2(x_2 - 1)$$

$$x_1 > x_2\sqrt{x_2 - 1} \quad \textit{region } A$$

$$x_1 > -x_2\sqrt{x_2 - 1} \quad \textit{region } B$$

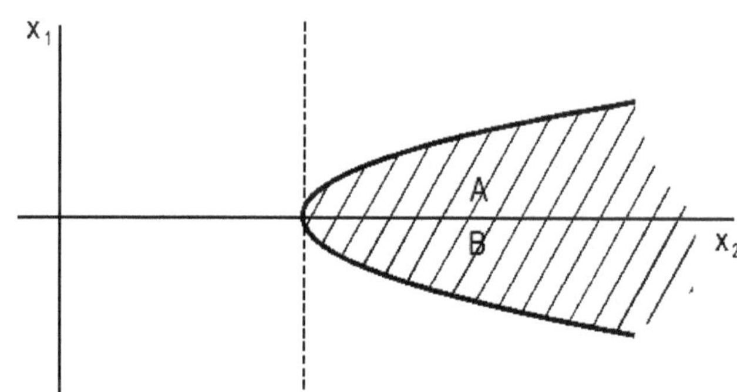

El espacio indicado cumple con:

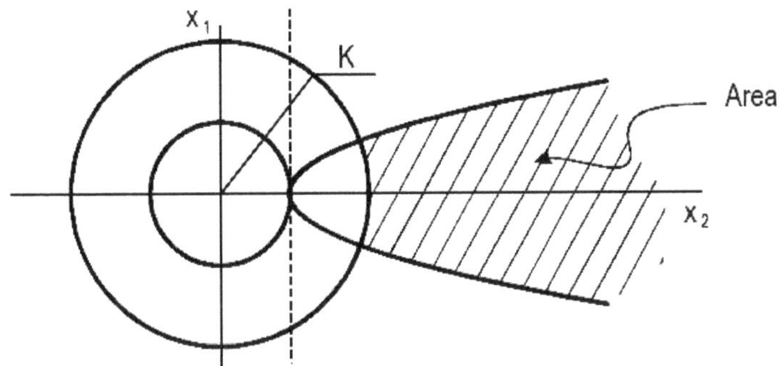

Figura 10. Región del dominio de Liapunov

Es necesario que

$$\sqrt{K/2} > 1 \qquad o \quad K > 2$$

entonces

$V(x)>0$ y $V'(x)<0$ estando dentro del área indicada.

El dominio de estabilidad es la región D esto es la mayor contenida en una equipotencial de función de Liapunov, contenida en la región de derivada total negativa.

3.10. Estimativa del Comportamiento Transitorio

Una función de Liapunov sirve para establecer un indicador simple de la rapidez con que el sistema autónomo correspondiente retorna al origen, su punto de equilibrio, desde que es abandonado en cualquier punto de su dominio de estabilidad.

Sea $V(x)$ una función de Liapunov para el sistema $\dot{x} = f(x)$ asintóticamente estable en el origen del espacio de estados.

Sea $V(x)$ su derivada total y

$$T = \max_{x} \left[\frac{V(x)}{-\dot{V}(x)} \right]$$

entonces

$$\dot{V}(x) \leq -\frac{1}{T} V(x) \qquad \forall \; x$$

Como

$$V(x) > 0 \qquad \forall \; x \text{ y } dt > 0$$

$$\frac{dV}{V} \leq -\frac{dt}{T}$$

Integrando ambos términos de 0 a t se tiene

$$\ln \frac{V\left[x(t)\right]}{V\left[x(0)\right]} \leq -\frac{1}{T}$$

ó

$$V\left[x(t)\right] \le V\left[x(0)\right] e^{-\frac{t}{T}}$$

Por lo tanto a partir de $t = 0$, la superficie equipotencial de la función de Liapunov [tipo $V(x) = Cte$] sobre la cual está el estado $x(t)$ es siempre interna a la superficie $[x(0)]$ reducida por el factor $e^{-\frac{t}{T}}$

Por lo tanto el estado $x(t)$ tiende al origen más de prisa que $e^{-\frac{t}{T}}$. Tenemos así que T es una constante de tiempo "pesimista" para el sistema no-lineal y puede ser tomada como un "índice de mérito de los transitorios del sistema no lineal".

Si el sistema dado es lineal invariante, $\dot{x} = Ax$ y si $V(x) = x^T V x$ sabemos que

$$\dot{V}(x) = -x^T \left[A^T V + VA\right] x = x^T Q x$$

Se puede calcular entonces T, llamando

$$\lambda = \frac{x^T V\, x}{x^T Q\, x} = \frac{V(x)}{-\dot{V}(x)}$$

$$\frac{d\lambda}{dx} = \frac{\left(Vx + x^T V\right)\left(x^T Q x\right) - \left(Qx + x^T Q\right)\left(x^T V x\right)}{\left(x^T Q x\right)^2}$$

que sea nula es condición necesaria para el máximo.

$$2Vx\left(x^T Q x\right) - 2Qx\left(x^T V x\right) = 0$$

como

$$\lambda = \frac{x^T V x}{x^T Q x}$$

entonces

$$Vx - Qx\lambda = 0$$

como $x \neq 0$ resulta

$$V - Q\lambda = 0 \quad \Rightarrow \quad Q^{-1}V - \lambda I = 0$$

Las soluciones de λ_i, son los autovalores de $Q^{-1}V$. El mayor de los autovalores de $Q^{-1}V$ es T.

El método para calcular el índice de mérito T es el siguiente: se calculan los autovalores de $Q^{-1}V$, el mayor de ellos corresponde a los puntos x que maximizan λ, al mismo tiempo es T.

EJEMPLO 13

$$\dot{x} = \begin{pmatrix} 0 & 1 \\ -2 & -3 \end{pmatrix} x$$

sea

$$Q = \begin{pmatrix} 4 & 0 \\ 0 & 4 \end{pmatrix}$$

siendo

$$Q = -\left(A^T R + RA\right)$$

resulta

$$R = \begin{pmatrix} 5 & 1 \\ 1 & 1 \end{pmatrix}$$

definida positiva

El mayor autovalor es $T = 1{,}31$, por lo tanto el punto-sistema, al dirigirse al origen, permanece sobre elipses del tipo

$$5x_1^2 + x_2^2 + 2x_1x_2 = k$$

los cuales se "contraen" con una constante de tiempo de 1,31 seg.

El método directo de Liapunov es un poderoso instrumento para el estudio de la estabilidad de los sistemas, dinámicos no lineales aunque sus principios y afirmaciones se refieren apenas a condiciones suficientes.

Es fundamental entonces conocer métodos auxiliares para construir o adaptar o proponer funciones del tipo energía o semejantes y proponer funciones cuadráticas de Liapunov a partir de una aproximación lineal.

3.11. Método de Krasovskii

El método se aplica a sistemas libres o autónomos, $\dot{x} = f(x)$ con la condición de que las componentes del vector *f* sean diferenciables en relación a las componentes del vector *x*.

Una diferencia fundamental en relación a los métodos anteriores es que, en este, tanto *V* como *dV*/*dt* son funciones del vector *f*.

Sea para función de Liapunov en forma cuadrática

$$V\left[f(x)\right] = f^T(x)Bf(x)$$

La derivada temporal

$$\frac{dV}{dt} = \left(\frac{df}{dx^T}\dot{x}\right)^T Bf(x) + f^T(x)B\left(\frac{df}{dx^T}\dot{x}\right)$$

Siendo la matriz Jacobiana del vector *f* definida por

$$J = \frac{df}{dx^T} = \begin{bmatrix} \frac{df_1}{dx_1} & \cdots & \frac{df_1}{dx_n} \\ \frac{df_2}{dx_1} & \cdots & \frac{df_2}{dx_2} \\ \frac{df_n}{dx_1} & \cdots & \frac{df_n}{dx_n} \end{bmatrix}$$

Recordando la ecuación dinámica del sistema, $\dot{x} = f(x)$ resulta

$$\frac{dV}{dt} = f^T \left[J^T B + BJ \right] f = f^T Mf$$

Por lo tanto, considerando los Teoremas de Liapunov quedan en términos de la matriz B y de la matriz $\left[J^T B + BJ \right]$.

Así si B es definida positiva y $\left[J^T B + BJ \right]$ definida negativa, tenemos estabilidad asintótica, si esta última es semidefinida negativa tenemos estabilidad y si esta última es definida positiva, tenemos inestabilidad.

Ejemplo 14

Sea el servo no lineal de la figura. (Que ya estudiamos su comportamiento mediante el Plano de Fase).

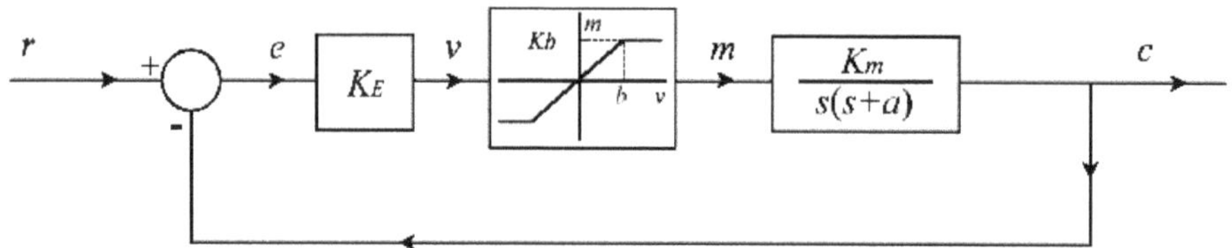

Figura 12. Diagrama en block.

Con

$$k_e = 1, \quad k_m = k$$

Con la curva de la no linealidad expresada por $m(e)$.

Las ecuaciones diferenciales

$$\ddot{c} + \dot{c}a = km(e)$$

$$\ddot{e} + \dot{e}a + km(e) = 0$$

$$x_1 = e$$

$$x_2 = \dot{e}$$

$$\dot{x}_1 = x_2 = f_1(x)$$

$$\dot{x}_2 = -km(x_1) - ax_2 = f_2(x)$$

Sea (arbitrario), se podría adoptar $B=\begin{pmatrix}1 & 0\\ 0 & 1\end{pmatrix}$ en este caso J^T+J debe ser definida negativa para que sea estable. Por ahora:

$$B=\begin{pmatrix}1 & b\\ b & 1\end{pmatrix}$$

$$1-b^2>0$$

entonces $|b|<1$ siendo $b\in R$

$$J=\begin{bmatrix}\frac{\delta f_1}{\delta x_1} & \frac{\delta f_1}{\delta x_2}\\ \frac{\delta f_2}{\delta x_1} & \frac{\delta f_2}{\delta x_2}\end{bmatrix}=\begin{bmatrix}0 & 1\\ -k\frac{\delta m(x_1)}{\delta x_1} & -a\end{bmatrix}$$

$$M=J^T B+B\,J=\begin{bmatrix}-2Kb\frac{\delta m}{\delta x_1} & 1-ab-Kb\frac{\delta m}{\delta x_1}\\ 1-ab-Kb\frac{\delta m}{\delta x_1} & 2b-2ab\end{bmatrix}$$

La estabilidad asintótica implica M definida negativa, esto

$$-2Kb\frac{\delta m}{\delta x_1}<0$$

$$\left(-2Kb\ \frac{\delta m}{\delta x_1}\right)2b(1-a)-\left(1-ab-Kb\frac{\delta m}{\delta x_1}\right)^2<0$$

Estas dos desigualdades, constituyen las condiciones suficientes para estabilidad, basadas en el crecimiento dado por

$$\frac{\delta m}{\delta x_1}$$

Esto difiere significativamente de los estudios derivados de la función descriptiva y de la teoría de la estabilidad absoluta.

3.12. Método del gradiente variable (Schulz-Gibson)

Este método está dirigido a eliminar la necesidad en la determinación de funciones de Liapunov.

Consideremos un sistema autónomo $\dot{x}=f(x)$. Si existe una función $V(x)$ satisfaciendo las condiciones de Liapunov entonces el gradiente de $V(x)$ existe también.

En el método del gradiente variable, se propone, inicialmente un gradiente de V, cuyos coeficientes son posteriormente ajustados al sistema dinámico y a las condiciones de estabilidad sobre dV/dt.

Para evitar de proponer gradientes invariables, se utiliza el siguiente resultado de Análisis Vectorial,

> la condición necesaria y suficiente para que un vector $g(x)$, función continua de x, sea gradiente de alguna función escalar es que exista la simetría (que lo define al grad como campo de gradientes o sea las derivadas cruzadas deben ser iguales)

$$\frac{dg_i}{dx_j^T} = \frac{dg_j}{dx_i^T} \qquad i, j = 1, \cdots n$$

Sea para grad. V un vector del tipo $A(x) \cdot x$

$$g(x) = \begin{bmatrix} \alpha_{11}x_1 + \cdots + \alpha_{1n}x_n \\ \vdots \qquad\qquad \vdots \\ \alpha_{n1}x_1 + \cdots + \alpha_{nn}x_n \end{bmatrix}$$

Donde los coeficientes α_{ij} pueden depender de x. El proceso completo es el siguiente

i) Usando la

$$\frac{dV}{dt} = (grad\ V)^T \dot{x} = (\nabla V)^T f(x) = \langle \nabla V, f \rangle$$

se calcula $\frac{dV}{dt}$ usando los coeficientes α_{ij} del *grad V* todavía indeterminados.

ii) Se imponen las condiciones sobre α_{ij} para que $\frac{dV}{dt}$ sea por lo menos semidefinida negativa (caso de estabilidad no-asintótica).

iii) Las $\frac{n(n-1)}{2}$ ecuaciones son aplicadas determinando los coeficientes α_{ij} todavía desconocidos.

iv) Se verifica si la condición sobre la definición de signo de $\frac{dV}{dt}$, (impuesta en el paso ii), porque es posible que el paso iii) haya cambiado la situación.

v) Se calcula la función $V(x)$ correspondiente al gradiente ajustado en los puntos anteriores. Como sabemos del Análisis Vectorial

$$V(x) = \int_0^x \nabla V(x)\, dx$$

y como la curva sobre la cual se efectúe la integración puede ser escogida arbitrariamente, entonces para simplificar el cálculo, se adopta la línea quebrada en segmentos de recta, paralelo a los ejes del espacio x, esto es

$$V(x)=\int_0^{\bar{x}} g(x)\,dx=\int_0^{\bar{x}_1} g_1(x_1,0,0,\cdots,0)dx_1+\int_0^{\bar{x}2} g_2(x_1,x_2,\cdots,x_{n-1})dx_2+$$
$$+\cdots+\int_0^{\bar{x}n} g_n(x_1,x_2,\cdots,x_{n-1})\,dx_n$$

vi) Finalmente, se estudian los dominios de $V(x)>0$ y $\frac{dV}{dt}\leq 0$ ó <0.

En el caso particular del sistema dinámico posee simetría, de manera que

$$\frac{\delta f_i}{\delta x_j}=\frac{\delta f_j}{\delta x_i}$$

La $-f(x)$ puede ser propuesta como *grad V*(x).

Se obtiene el siguiente resultado interesante

$$\frac{dV}{dt}=(grad\ V)^T\cdot\dot{x}=-f^T(x)\cdot f(x)$$

Como esta es una forma obligadamente semidefinida negativa, la condición ii) no precisa ser verificada. Se pasa, entonces directamente a la vi).

EJEMPLO 15

Sea

$$\dot{x}_1=x_2$$
$$\dot{x}_2=-x_2-x_1^3$$
$$g(x)=\begin{pmatrix} Ax_1 & + & Bx_2 \\ \\ Cx_1 & + & Dx_2 \end{pmatrix}=\begin{pmatrix} g_1 \\ g_2 \end{pmatrix}$$

con A B C D pueden ser funciones de x. Por el paso i) se obtiene

$$\dot{V}(x)=(\nabla V)^T\cdot\dot{x} \qquad \text{con el } grad\ V=g(x)$$
$$\frac{dV}{dt}=g_1\dot{x}_1+g_2\dot{x}_2=(Ax_1+Bx_2)+(Cx_1+Dx_2)(-x_2-x_1^3)$$
$$\frac{dV}{dt}=x_1x_2(A-C-Dx_1^2)-(D-B)x_2^2-Cx_1^4$$

Para que esta forma sea definida negativa es suficiente que B, C, y D sean constantes y que

$$\left.\begin{array}{l} D>B \\ C>0 \\ A=C+Dx_1^2 \end{array}\right\} \qquad [1]$$

Por el paso iii) se tiene

$$\frac{\delta g_1}{\delta x_2} = \frac{\delta g_2}{\delta x_1}$$

$$x_1 \frac{dA}{d\,x_2} + B = C$$

Utilizando las condiciones como D y C sabemos son constantes por [1] la

$$\frac{\delta A}{\delta x_2} = 0$$

$$B = C$$

Pasando al paso v) del método

$$V(\overline{x}) = \int_0^{\overline{x}_1} \left[\left(C + D\,x_1^2 \right) x_1 \right] dx_1 + \int_0^{\overline{x}_2} \left(Cx_1 + Dx_2 \right) dx_2$$

$$V(\overline{x}) = \frac{D\overline{x}_1^4}{4} + \frac{C\overline{x}_1^2}{2} + C\overline{x}_1\overline{x}_2 + \frac{D\overline{x}_2^2}{2}$$

Escogiendo $D = 2$, $C = 1$ se tiene

$$V(\overline{x}) = \left(\frac{\overline{x}_1}{2} + \overline{x}_2 \right)^2 + \frac{\overline{x}_1^2}{4} + \frac{\overline{x}_1^4}{2}$$

Siendo esta función semidefinida positiva el sistema dado es estable y $V(\overline{x})$ es una función de Liapunov para él.

EJEMPLO 16

Sea el sistema

$$\dot{x}_1 = x_2$$

$$\dot{x}_2 = -g(x_1) - \alpha x_2$$

Haciendo $g(x)$ como en la ecuación del ejemplo anterior resulta

$$\frac{dV}{dt} = \left(\frac{A - \alpha C - g(x_1)C}{x_2} - \frac{g(x_1)D}{x_1} \right) x_1 x_2 - (\alpha D - B) x_2^2$$

que será definida negativa para

$$B = 0$$

$$C = 0$$

$$D = 1$$

$$A = \frac{g(x_1)}{x_1}$$

Resulta

$$\frac{dV}{dt} = \alpha x_2^2$$

$$grad\ V = g(x) = \left[g(x_1) \cdot x_2 \right]^T$$

De aquí se sigue

$$V(x) = \int_0^{x_1} g(x_1) dx_1 + \int_0^{x_2} g(x_2) dx_2 = \int_0^{x_1} g(x_1) dx_1 + \frac{x_2^2}{2}$$

La estabilidad asintótica en el sistema dado queda asegurada si *V(x)* es definida positiva, esto exige

$$\frac{g(x_1)}{x_1} > 0 \quad , \quad \forall\ x_1 \neq 0 \quad , \quad g(0) = 0$$

3.13. Análisis de la estabilidad por Liapunov de sistemas discretos

Este análisis se lo puede realizar por en extensión de lo visto en los sistemas de tiempo continuo, en lugar de $V'_{(x)}$ se utiliza la diferencia

$$V[x(k+1)] - V[x(k)] = \Delta V[x(k)]$$

3.13.1. Teorema 1

Consideremos el sistema discreto

$$x\left[(k+1)h\right] = f\left[x(kh)\right]$$

$f_{(x)}$ vector tal que $f_{(0)} = 0$, h es el periodo de muestra en seg.

Suponga que existe una función escalar $V_{(x)}$ continua, tal que

1. $V_{(x)} > 0$ para $x \neq 0$
2. $\Delta V_{(x)} < 0$ para $x \neq 0$
3. $V_{(0)} = 0$
4. $V_{(x)} \to \infty$ cuando $\|x\| \to \infty$

Entonces en $x = 0$ el estado es asintótica y globalmente estable y $V_{(x)}$ es una función de Liapunov.

2'. $\Delta V_{(x)} \leq 0$ para todo x y no es dicontinua para cualquier secuencia solución $\left\{x_{(kh)}\right\}$

Esta puede reemplazar la 2 si $\Delta V_{(x)}$ no desaparece en cualquier secuencia solución.

3.13.2. Análisis de la estabilidad

Considere $x_{(k+1)} = \varnothing x_{(k)}$

$\varnothing$ es matriz no singular, constante de *n x n*; el origen $x = 0$ es el estado de equilibrio. Veamos por el método de Liapunov.

$$V_{[x(k)]} = x^T V x$$

V es hermítica definida positiva (o simétrica si es real, positiva). Entonces

$$\Delta V_{(x)} = V_{[x(k+1)]} - V_{[x(k)]} = x_{(k+1)}^T V x_{(k+1)} - x_{(k)}^T V x_{(k)}$$

$$\Delta V_{(x)} = \left[\varnothing x_{(k)}\right]^T V \varnothing x_{(k)} - x_{(k)}^T V \quad x_{(k)} = x_{(k)}^T \varnothing^T V \varnothing x_{[k]} - x_{(k)}^T V x_{(k)}$$

$$\Delta V_{(x)} = x_{(k)}^T \left[\varnothing^T \quad V\varnothing - V\right] x_{(k)}$$

Se requiere para la estabilidad asintótica que $\Delta V_{(x)} < 0$ por lo tanto

$$\Delta V_{(x)} = -x_{(k)}^T Q x_{(k)}$$

$$Q = -\left(\varnothing^* V \varnothing - V\right)$$

definitiva positiva. Esta es la ecuación clave para los sistemas discretos y es que

$$-Q = \varnothing^* V \varnothing - V$$

3.13.3. Teorema 2

En un sistema discreto $x_{(k+1)} = \varnothing x_{(k)}$

Una condición necesaria y suficiente para que el estado de equilibrio $x = 0$ sea asintótica y globalmente estable, es que dada cualquier matriz *Q* hermítica definida positiva (o simétrica definida positiva) exista una matriz *V* hermítica definida positiva, tal que

$-Q = \varnothing^* V \varnothing - V$ (si ϕ fuese real entonces en lugar de * es transpuesta $\phi^* = \phi^T$)

La función $x^T V x$ es una función de Liapunov.

3.14. Estabilidad de un sistema en tiempo discreto a partir del tiempo continuo

$$\dot{x} = \Delta x$$

$$x_{[k+1]} = \varnothing x_{[k]}$$

$$\varnothing = e^{Ah}$$

Es el sistema de tiempo continuo asintóticamente estable, si los autovalores de A son a parte real negativa.

Entonces los autovalores de $\varnothing$ serán $e^{\lambda(A)h}$ con $\lambda_{(A)}$ autovalores de A. Observe que los autovalores de $\varnothing$ deben ser menores que 1.

EJEMPLO 17

$$\begin{pmatrix} x_1(n+1) \\ x_2(n+1) \end{pmatrix} = \begin{pmatrix} 0 & 1 \\ -0.5 & -1 \end{pmatrix} \begin{pmatrix} x_1(n) \\ x_2(n) \end{pmatrix}$$

Escogiendo $Q = I$

$$\begin{bmatrix} 0 & -0.5 \\ 1 & -1 \end{bmatrix} \begin{bmatrix} v_{11} & v_{12} \\ v_{21} & v_{22} \end{bmatrix} \begin{bmatrix} 0 & 1 \\ -0.5 & -1 \end{bmatrix} - \begin{bmatrix} v_{11} & v_{12} \\ v_{21} & v_{22} \end{bmatrix} = -\begin{pmatrix} 1 & 0 \\ 0 & 1 \end{pmatrix}$$

Se obtiene

$$0.25 \;\; v_{22} - v_{11} = -1$$

$$0.5(-v_{12} + v_{22}) - v_{12} = 0$$

$$v_{11} - 2v_{12} = -1$$

$$v_{11} = 11/5 \quad ; \quad v_{12} = 8/5 \quad ; \quad v_{22} = 24/5$$

$$V = \begin{pmatrix} 11/5 & 8/5 \\ 8/5 & 24/5 \end{pmatrix}$$

Se puede ver que V es definida positiva.

PROBLEMA EJEMPLO

Considere el proceso lineal.

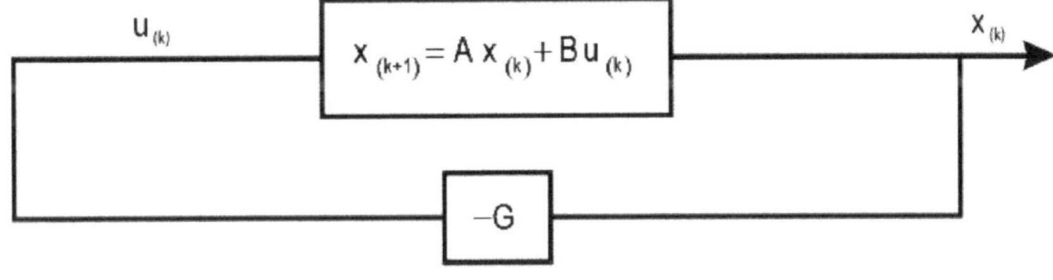

$$x_{(k+1)} = Ax_{(k)} + Bu_{(k)}$$

$$A = \begin{pmatrix} 0.5 & 0 \\ 0 & 0.2 \end{pmatrix}$$

$$B = \begin{pmatrix} 1 \\ 1 \end{pmatrix}$$

Se pretende encontrar el control óptimo $u_{(k)}$ tal que $Q = I$ con $V_{(x)} = x^T Px$ y la solución de P está dado por

$$-Q = A^T PA - P \qquad [1]$$

y el índice de desempeño $\Delta V_{(x)} = V_{[x(k+1)]} - V_{(x)}$ sea mínimo.

Solución

Es de observar que los autovalores de A son 0,5 y 0,2 por lo que es el sistema asintóticamente estable.

Sea

$$P = \begin{pmatrix} P_{11} & P_{12} \\ P_{22} & P_{22} \end{pmatrix}$$

reemplazando en la ecuación [1].

$$P_{11} = 1.333 \qquad P_{22} = 1.042$$

$$P_{12} = 0 \qquad P_{21} = 0$$

$$P = \begin{pmatrix} 1{,}333 & 0 \\ 0 & 1{,}042 \end{pmatrix}$$

definida positiva.

La expresión que proporciona la matríz de realimentación de control óptima es

$$G = \left(B^T PB\right)^{-1} B^T PA$$

luego

$$G = (0{,}28, 0.0876)$$

El diagrama de flujo es

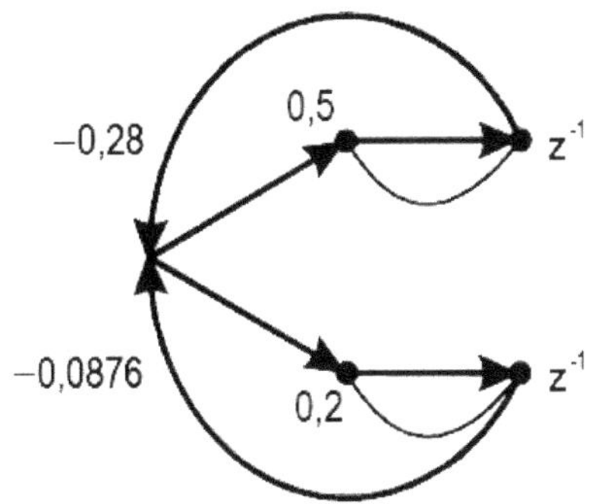

El control óptimo es

$$u_{(k)} = -0,28x_1 - 0,0876x_2$$

Explicación teórica de este problema

$$x_{(k+1)} = Ax_{(k)} + Bu_{(k)}$$

$$u_{(k)} = -Gx_{(k)}$$

Buscando la condición de L'ure sobre la función de Liapunov resulta

$$A^T PA = -Q$$

Q def. positiva y la P también, siendo

$$V_{(x)} = x^T Px$$

y

$$\Delta V_{(x)} = -x^T Qx$$

El control óptimo $u^0_{(k)}$ surge de minimizar el desempeño $J = \Delta V_{(x)}$ en el instante k.

Puesto que $\Delta V_{(x)}$ representa la rapidez de variación de $V_{(x)}$ o de alguna manera el cambio de energía del sistema a lo largo de una trayectoria.

Si se escoge

$$V_{(x)} = x_1^2(k) + x_2^2(k)$$

entonces

$$-\Delta V_{(x)} = -x_1^2(k+1) - x_2^2(k+1) + x_1^2(k) + x_2^2(k)$$

La forma general de $\Delta V_{(x)}$ tratada en el teórico es

$$\Delta V_{(x)} = x^T{}_{(k+1)} Px_{(k+1)} - x^T_{(k)} Px_{(k)}$$

$$\Delta V_{(x)} = x^T_{(k)}(A - BG)^T P(A - BG)x_{(k)} - x^T_{(k)} Px_{(k)}$$

siendo

$$A^T PA - P = -Q$$

resulta al reemplazar

$$\Delta V_{(x)} = x_{(k)}^T A^T P A x_{(k)} + u^T B^T P A x_{(k)} + x_{(k)}^T A^T B B u_{(k)} + u^T(k) B^T P B u_{(k)} - x_{(k)}^T P x_{(k)}$$

para que $\Delta V_{(x)}$ sea mínimo se deriva respecto $u_{(k)}$

$$\frac{\delta \Delta V_{(x)}}{\delta u_{k)}} = 0$$

operando conduce a

$$2B^T P A x_{(k)} + 2B^T P B u_{(k)} = 0$$

por consiguiente el control óptimo es

$$u_{(k)}^0 = -(B^T P B)^{-1} B^T P A x_{(k)}$$

que tiene la forma de retroalimentación de estados.

3.15. Ejercitación

PROBLEMAS 1

1. La descripción del sistema de datos discretos está dada por

$$x_{(k+1)} = A x_{(k)} + B u_{(k)}$$

a. Determine la controlabilidad del sistema.

b. Encuentre la matriz *P* que digonalice *A* en una forma de Jordan

$$\Lambda = P^{-1} A P$$

Verifique el resultado de a) mediante el examen de los elementos

$$\Gamma = P^{-1} B$$

i. $A = \begin{pmatrix} 1 & -2 \\ 1 & -1 \end{pmatrix}$ $\quad B = \begin{pmatrix} 1 & 0 \\ 0 & -1 \end{pmatrix}$

ii. $A = \begin{pmatrix} 0 & 1 \\ -0,25 & 1 \end{pmatrix}$ $\quad B = \begin{pmatrix} 1 \\ 0,5 \end{pmatrix}$

iii. $A = \begin{bmatrix} 0 & 1 & 0 \\ 0 & 0 & 1 \\ 0,04 & 0,53 & 1,4 \end{bmatrix}$ $\quad B = \begin{bmatrix} 1 & 0 \\ -1 & 1 \\ 0 & 1 \end{bmatrix}$

c. Demuestre que en la parte b)

$$P = \begin{pmatrix} 1 & 1 & 1 \\ \lambda_1 & \lambda_2 & \lambda_3 \\ \lambda_1^2 & \lambda_2^2 & \lambda_3^2 \end{pmatrix} \qquad \text{Vandermode}$$

Problema 2

Un proceso digital está descripto por la ecuación de estado.

$$x_{(k+1)} = Ax_{(k)} + Bu_{(k)}$$

donde

$$A = \begin{pmatrix} 0 & 0{,}81 \\ 1 & 0 \end{pmatrix} \qquad B = \begin{pmatrix} 0 \\ 1 \end{pmatrix}$$

Encuentre el control óptimo por retroalimentación de estado

$$\dot{u}_{(k)} = -Gx_{(k)}$$

tal que el índice de desempeño.

$$J = \left[x_{(k+1)} - x_{(k)} \right]^T P \left[x_{(k+1)} - x_{(k)} \right]$$

sea minimizado. P es la solución definida positiva de la ecuación de Liapunov

$$A^T PA - P = I$$

Problema 3

Las ecuaciones de estado de un proceso digital se expresa como

$$x_{(k+1)} = Ax_{(k)} + Bu_{(k)}$$

$$A = \begin{pmatrix} 0 & 1 \\ -1 & -2b \end{pmatrix} \qquad B = \begin{pmatrix} 0 \\ 1 \end{pmatrix}$$

Halle el valor de b de modo que el índice de desempeño

$$J = x_{(k)}^T P x_{(k)}$$

sea mínimo para todo $k \geq 0$. P es la solución definida positiva de la ecuación de Liapunov

$$A^T P + PA = -I$$

para $x_1(0) = x_0$ y $x_2(0) = 0$

PROBLEMA 4

Considerar a los siguientes sistemas

a. $\dot{x} = 4$ $\dot{y} = -x^3$

b. $\dot{x} = -x^3 - y^3$ $\dot{y} = xy - y^3$

En ambos casos, determinar la función de Liapunov por los siguientes métodos

A Adoptando $U(x)$ como la forma cuadratica función de Liapunov de la parte lineal.

B Por el método de Krasovskii.

C Por el método de gradiente variable

Otros Títulos de esta Editorial

MATEMATICA

Algebra y Geometría. Molina-Gigena-Joaquin-Gomez- Vignoli.
Análisis Matemático I. Azpilicueta-Gigena-Joaquin-Molina-Cabrera.
Matemática I para Ciencias Naturales. Vera de Payer - Molina - Gigena - Ludueña Almeida.
Algebra Lineal. Elizabeth Vera de Payer.
Introducción a la Matemática. Azpilicueta-Gigena-Molina-Gómez. (En preparación)
Análisis Matemático II. Gigena - Binia - Joaquín - Cabrera - Abud 2° Ed. (En preparación)

FISICA Y QUIMICA

Notas de Química General. P. Carranza - S. Faillaci.
Física I. G. V. Morelli. (En preparación)
Física II. Electromagnetismo. G. V. Morelli.
Física III. G. V. Morelli. (En preparación)
Calor y Termodinámica. G. V. Morelli. (En preparación)
Mecánica. G. V. Morelli. (En preparación)
Termodinamica Técnica. F. Arenas (En preparación)

DISEÑO

Representación Gráfica I. O. Maligno y otros.

INGENIERIA E INFORMATICA

Algoritmos y Estructuras de Datos. Valerio Fritelli.
Aprenda Lenguaje ANSI C. J. García.
Aprenda C++. J. García.
Lenguaje C++. K. Barclay.
Aprenda Java. J. García.
Aprenda Visual Basic. J. García.
Sistemas Operativos. Norberto Cura.
Comunicaciones. J. Galoppo - C. Montaña Mansur.
Redes de Información. C. Sánchez-J. Galoppo. 3° Edición.
Introducción a Sistemas de Control. Víctor H. Sauchelli. 4° Edición.
Sistemas Celulares de Comunicaciones Móviles. J. Galoppo.
Métodos Numéricos. Rosendo Gil Montero.
Res. de Prob. con Matlab. Métodos Numéricos. R. Gil Montero.
Res. Prob. con Matlab. Sistemas de Control. V. Carronc.
Guía de Introducción a Matlab. J. García - J. Rodriguez.
Resolución de Problemas con C++. Rosendo Gil Montero.
Comunicaciones de Datos y Redes de Información. Norberto Cura (2 Tomos).
ADSL - Asymetric Digital Subscriber Line. Norberto Cura.
Economía para Ingenieros. E. Masciarelli. (En preparación).
Problemas Resueltos de Economía. E. Masciarelli.
Gestión de la Calidad. Carlos Boero. 2° Edición.
Organización Industrial. C. Boero.

INGENIERIA INDUSTRIAL

Gestión de Abastecimiento. Carlos Boero.
Costos Industriales. C. Boero.
Evaluación de Proyectos. C. Boero.
Mantenimiento Industrial. C. Boero.
Introducción a la Logística. C. Boero.
Gestión de Mantenimiento. L. Torres.
Mercadotecnia. M. Gómez - G. Gimenez.

Costos Industriales. F. Antón - O. Giovannini.
Recursos Humanos. M. Gomez - G. Gimenez.
Planificación y Control de la Producción. F. Antón - O. Giovannini.

ELECTRONICA Y COMUNICACIONES

Teoría de las Comunicaciones. Pedro Danizio.
Dispositivos Electrónicos. Carlos Chaer.
Fuentes Conmutadas. Juan Carlos Floriani.
Sistemas de Control No Lineales. V. Sauchelli.
Sistemas de Control Digitales. V. Sauchelli.
Teoría de la Información y Codificación. V. Sauchelli.
Teoría de Señales y Sistemas Lineales. V. Sauchelli.
Teoría Moderna de Filtros con Matlab. Walter Monsberger.
Mediciones Electrónicas. Hugo Grazzini.
Teoría de Señales. E. Vera de Payer.
Análisis Conjunto Tiempo-Frecuencia. E. Vera de Payer.
Elementos de Prog. en C++ para Electrónicos. E. Destéfanis.

AERONAUTICA

El Avión. Calidad del equilibrio, control y estabilidad dinámica. José A. Sirena.
Dinámica de los Gases. J. Tamagno (En preparación).

MECANICA - ELECTRICIDAD

Sistemas de Puesta a Tierra. Juan Carlos Arcioni.
Mediciones en Alta Tensión. Alberto Torresi.
Sobretensiones. Alberto Torresi.

INGENIERIA CIVIL

Introducción a la Teoría de la Elasticidad. Godoy-Pratto-Flores.
Estructuras Metálicas. Gabriel Troglia.
Proyectos, Dirección de Obras y Valuaciones. A. Armesto.
Ejercicios de Sistemas Planos de Alma Llena. Juan Weber
Lluvias de Diseño. G. Caamaño Nelli - C. Dasso.
Proyecto y Arq. de las Instalaciones Eléctricas. R. Levy.
Gestión, regulación y Control de Servicios Públicos. FCEFyN-UNC.
Congreso Internacional de Servicios Públicos. FCEFyN-UNC.

BIOINGENIERIA

Seguridad y Normalización en Instalaciones Eléctricas Hospitalarias. R. Taborda.
Diagnóstico por Imágenes. M. Malamud.

Distribución en Buenos Aires:
Editorial Nueva Librería. Estados Unidos 301. (1101) San Telmo.
Te: 4362 9266 / 4362 6887 Email: nuevalibreria@infovia.com.ar

La presente edición de
Sistemas de Control No Lineales,
se terminó de imprimir en el mes de
marzo de 2020 en
Jorge Sarmiento Editor.

Se imprimieron 500 ejemplares.
Impreso en Argentina

UNIVERSITAS

www.ingramcontent.com/pod-product-compliance
Ingram Content Group UK Ltd.
Pitfield, Milton Keynes, MK11 3LW, UK
UKHW061829190726
13853UKWH00009B/2525

9 789879 406755